山东农业大学校园树木图鉴

SHAN DONG NONG YE DA XUE
XIAO YUAN SHU MU TU JIAN

◎ 主编　车先礼

中国林业出版社

图书在版编目（CIP）数据

山东农业大学校园树木图鉴 / 车先礼，李勇，孙居文 主编 .
-- 北京 : 中国林业出版社，2016.9
ISBN 978-7-5038-8714-7

Ⅰ . ①山… Ⅱ . ①车… ②李… ③孙… Ⅲ . ①山东农业大学—树木—图集 Ⅳ . ① S717.252.3-64

中国版本图书馆 CIP 数据核字 (2016) 第 218657 号

中国林业出版社
责任编辑：李 顺
出版咨询：（010）83143569

出 版：中国林业出版社（100009 北京西城区德内大街刘海胡同 7 号）
网 站：http://lycb.forestry.gov.cn/
印 刷：北京卡乐富印刷有限公司
发 行：中国林业出版社
电 话：（010）83143500
版 次：2016 年 9 月第 1 版
印 次：2016 年 9 月第 1 次
开 本：889mm × 1194mm 1 / 16
印 张：20.5
字 数：500 千字
定 价：298 .00 元

山东农业大学校园树木图鉴

主　　编：车先礼

副 主 编：李　勇　孙居文

执行主编：孙居文

编　　者：陈立新　张铁成　谢兰禹　臧德奎

彭卫东　沈　向

PREFACE 序

每年的四月，都是山东农业大学最美丽的日子，吐绿的枝芽，盛开的鲜花为这所百年老校披上节日的盛装。盛开的洁白的玉兰花迎来张张笑脸，怒放的红艳的日本晚樱争奇斗妍。鲜花丛中，绿荫树下，农大学子或朗朗阅读或轻声细语，享受着校园的美丽，憧憬着美好的未来。

还记得教学楼的教室、试验田的小路吧，还记得西礼堂边的曲径和运动场的草坪吧，这里的一草一木都有着你青春的印记。

泰山的山泉水孕育了农大人典雅的情怀，泰山的十八盘磨练了农大人坚韧不拔的意志。三号楼前"登高必自"的校训鞭策着农大人脚踏实地的作风。任世更迭，风云变幻，"登高必自卑，行远必自迩"是农大人永恒不变的精神。

农大校园的山水花木，亭台楼阁交相辉映，散发着历史与现代的气息。引发每一位校友对往日的缅怀和对未来的憧憬。

我是喜欢认识植物的人，曾经想到过应有一本介绍校园树木的书，让广大读者也认识园中树木，现在真有此书了。我特别赞赏此书的策划者和作者以及与此书出版有关的人。还要指出的是，全书经过较长时间的调查，选择 320 种（变种、品种）重要树木编辑而成。其种类鉴定也十分准确，加上彩色图片的配合，真是图文并茂的著作。特别是此书不仅是认识园中树木的工具，还是农大深厚文化的一部分，意义非凡。可以预见，书问世后，必将受到广泛的欢迎。

我作为农大发展的见证人之一，对此书尤为推崇，并欣然为之作序。

温孚江

2016.9.18

前 言

PREFACE

山东农业大学座落在雄伟壮丽的泰山脚下，是一所具有百年历史的名校。前身是1906年创办于济南的山东高等农业学堂。后几经变迁，1952年经全国院系调整，成立山东农学院。1958年由济南迁至泰安，1983年更名为山东农业大学。1999年7月，原山东农业大学、山东水利专科学校合并，同时山东省林业学校并入，组建新的山东农业大学。目前，学校已经发展成为一所以农业科学为优势，生命科学为特色，融农、理、工、管、经、文、法、艺术学等于一体的多科性大学。学校拥有12个博士后科研流动站，59个博士点，123个硕士点，89个本科专业。学校现有在校生33757人，其中本科生30585人，博士、硕士研究生3172人。

学校所在地泰安市位于东经116° 20′~117° 59′，北纬35° 38′~36° 28′之间，地处山东省中部的泰山南麓，北依山东省会济南，南临孔子故里曲阜，面积7762平方公里。地势自东北向西南倾斜，境内山地、丘陵、平原、洼地湖泊兼而有之，地貌类型多样。泰山主峰玉皇顶，海拔1545m。泰安市属于暖温带大陆性季风气候，冬季干澡寒冷，夏季炎热多雨。年平均气温12.8℃，年均降水量680mm，年均相对湿度65%，极端最高气温40.7℃，极端最低气温－22.4℃。无霜期平均195天，土壤为沙壤土。

据调查，泰山有高等植物174科645属1412种；低等植物446种；共有维管束植物1136种，隶属133科，550属，其中野生植物814种，栽培植物322种。

学校在泰山脚下历经58年的建设与发展，校园占地面积5145亩。校园环境优美，景色宜人。校内建有树木标本园、竹园、牡丹园、花卉盆景园以及林学、园林、园艺等试验站，连同校园一起收集了大量木本植物种类。

从初春盛开的迎春花、玉兰花、碧桃花，仲春的紫荆花、榆叶梅、美人梅，暮春的日本晚樱、海棠花、丁香花、流苏、牡丹、芍药，从夏天的荷花、木槿、合欢、紫薇、女贞、石榴、鸢尾、萱草、矮牵牛，秋季色彩斑斓的美人蕉、松果菊、万寿菊、翠菊、菊花，到冬日里傲雪挺立的松柏和芳香的腊梅，无不记录着四季的轮回。花草树木、楼宇亭台、假山景石、小桥流水，将古朴与现代、东方与西方紧紧地融合在一起。自2003年以来，学校把植物多样性作为校园绿化的重点，从全国各地引种了许多植物种类。“三十年树木，百十年树人”，山东农业大学早已把“树木”与“树人”的理念有机的结合在一起。

自2009年7月起，山东农业大学林学院和生命科学学院的师生开始了校园树木的普查工作。后来，林学院标本馆、生命科学学院植物协会和中国物候观测网泰安物候观测站的历届志愿者们一直延续着这项工作。经过几年的努力，初步摸清了山东农业大学三个校区及树木园内的野生及栽培植物的资源状况，并对树木进行了挂牌。通过调查得知，目前，校园内仅木本植物已达400余种、变种及品种，其中裸子植物36种及品种，被子植物370余种及品种。国家一级重点保护植物3种，二级重点保护植物8种，三级重点保护植物4种，并仍有新的植物种被陆续引入。另外，还有数十种草本花卉植物。其中北校区校门周边、1号楼周边、3号楼南侧、校史馆（4号楼）南侧、文理楼南侧、5号教学楼南侧青年广场、西礼堂周边，南校区教学楼南侧大花园、图信楼西侧牡丹园，东校区读书园，树木园是植物多样性最为丰富的区域。本书选编了山东农业大学校园常见树木322种及品种，隶属于63科157属，其中裸子植物6科15属34种及品种，被子植物57科142属288种及品种。全书记载乔木208种及品种，灌木95种及品种，木质藤本19种及品种。每种树木均配有精美的彩色照片，共附彩色图片1100余幅，并且重要部位采用放大插图。对每个树种的形态识别、地理分布、生长习性、栽培技术、用途及校园栽植地点等都详细说明。本书是认识和了解山东农业大学校园树木的一部向导书，也是学生学习树木学、园林树木学、植物分类学进行实习的工具书。

本书编辑出版得到“山东农业大学110周年校庆基金”的资助。植物鉴定工作得到了林学院退休教授郭善基、朱元枚、李健三位先生的大力帮助。园艺学院朱翠英、邵小杰，林学院樊金会、王延龄对书中部分树种提供了照片，在此一并致谢。

今年适逢山东农业大学建校110周年，谨以此书作为学校大庆的献礼。由于时间仓促及水平所限，书中难免有错误和不当之处，恳请专家和读者朋友们批评指正。

编　者

2016年7月于泰安 山东农业大学

目录

CONTENTS

目录

目录

目录

裸子植物

◎ 苏铁 *Cycas revoluta*

别　　名： 铁树

识别要点： 树干常不分枝，有明显螺旋状排列的菱形叶痕。羽状叶长0.5~2.0m，革质而坚硬，羽片条形，长8~18cm，宽4~6mm，边缘显著反卷。雄球花长圆柱形，长30~70cm，小孢子叶木质，密被黄褐色绒毛；雌球花扁球形，大孢子叶长14~22cm，羽状分裂，下部两侧着生4~6枚裸露胚珠。种子倒卵形，微扁，红褐色或橘红色，长2~4cm。花期6~8月，种熟期10月。

地理分布： 产我国东南沿海和日本，我国野外已绝灭。华南和西南地区常见栽植，长江流域和华北多盆栽。

生长习性： 喜光，喜温暖湿润气候，不耐寒。喜肥沃湿润的沙壤土，不耐积水。生长缓慢，寿命长。

种植要点： 分蘖、播种、埋插等法繁殖。

园林用途： 树形古朴，主干粗壮坚硬，叶形羽状，四季常青，为重要观赏树种。用于装点园林，不但具有南国热带风光，而且显得典雅、庄严和华贵。常植于花坛中心，孤植或丛植草坪一角，对植门口两侧，也可植为园路树。苏铁也是著名的大型盆栽植物，用于布置会场、厅堂；其羽状叶是常用的插花衬材和造型材料。

栽植地点： 北校区校园。

◎ 银杏 *Ginkgo biloba*

别　　名：白果、公孙树

识别要点：落叶大乔木，树皮灰褐色，深纵裂；树冠广卵形。有长枝和短枝。叶扇形，具长柄，顶端有时二裂；叶在长枝上螺旋状排列，在短枝上簇生。球花单性，雌雄异株；雌球花有长柄，柄端分二叉，叉端各生一直立胚珠。种子核果状；外种皮肉质，熟时橙黄色，被白粉，有臭味；中种皮骨质，白色；内种皮膜质，红褐色。花期3～5月，种熟期8～10月。

地理分布：中国特产，为孑遗植物。浙江天目山有野生，沈阳以南广泛栽培。

生长习性：对土壤要求不严，酸性、中性、钙质土均可生长；对大气污染有一定抗性。深根性，抗风，抗火，抗病虫；寿命极长，生长较慢。

种植要点：播种、嫁接、扦插、分蘖繁殖。

园林用途：树姿优美，冠大荫浓，秋叶金黄，而且叶形奇特，是优良的庭荫树、园景树和行道树。在公园草坪、广场等开旷环境中，适于孤植或丛植。若与枫香、槭树等秋季变红的色叶树种混植，观赏效果更好。作行道树时，宜用于宽阔的街道，并最好选择雄株。银杏老根古干，隆肿突起，如钟似乳，适于作桩景，是川派盆景的代表树种之一。用材、果树、叶药用。国家二级保护植物。

栽植地点：南校、北校、东校、树木园常见栽植。

◎ 红皮云杉 *Picea koraiensis*

识别要点：常绿乔木，树冠尖塔形，大枝斜展或平展，树皮裂缝常为红褐色。一年生枝黄褐色，无白粉，宿存芽鳞反曲。叶锥状四棱形，先端尖，枝条上面和下面的叶略向两侧扭转，在小枝上略成2列状。球果卵状圆柱形，熟时黄褐至褐色，种鳞露出部分平滑。种子三角状倒卵形，上端有膜质长翅。花期4月，种熟期10月。

地理分布：东北、华北、内蒙古。

生长习性：喜冷凉、湿润气候，夏季高温干燥对生长不利，耐荫，喜微酸性深厚土壤。生长缓慢，寿命长。根系较浅。

种植要点：播种繁殖；根部易暴露而枯死，平时管理中应注意及时壅土。

园林用途：树姿优美，苍翠壮丽，是著名的园林树种。最适于规则式园林中应用，宜对植或列植，但孤植、丛植或群植成林也极为壮观。因其耐荫，可用于建筑北面。森林树种。

栽植地点：北校2号楼西侧、4号楼南侧。树木园。

◎ 白杄 *Picea meyeri*

识别要点：常绿乔木，高达30m，树冠塔形，小枝黄褐色或红褐色，常有短柔毛，宿存芽鳞反曲。叶四棱状条形，在枝上近辐射伸展，四面有白色气孔带，呈粉状青绿色，先端微钝。球果长6~9cm，鳞背露出部分有条纹。

地理分布：中国特产。主产北京、河北、山西、内蒙古等地。为华北高海拔山区的主要树种之一。

生长习性：耐荫、耐寒、耐干冷气候，在深厚、湿润、排水良好的中性或微酸性土壤上生长良好。

种植要点：播种繁殖。

园林用途：树形端庄，枝叶粉绿色，苍翠壮丽，是著名园林观赏树种。孤植、群植或作风景林栽植均可。

栽植地点：南校西南门北侧。北校2号楼西侧，北校家属院绿地。树木园。

◎ 日本冷杉 *Abies firma*

识别要点：常绿乔木，原产地高达50m，胸径2m；树冠塔形。一年生枝淡黄灰色，凹槽中有细毛。叶长2.5~3.5cm，幼树之叶先端二叉状，树脂道常2个边生；壮龄树及果枝叶先端钝或微凹，树脂道4，中生2，边生2。球果长10~15cm，熟时淡褐色，苞鳞长于种鳞，明显外露。种子具较长的翅。

地理分布：原产日本，华东地区常见栽培，以庐山生长最好。

生长习性：喜冷凉湿润气候，耐荫性强，喜深厚肥沃的酸性或中性沙质土壤；不耐烟尘。

种植要点：播种繁殖。

园林用途：树冠尖塔形，秀丽挺拔，是优美的庭园观赏树种。

栽植地点：树木园。

◎ 辽东冷杉 *Abies holophylla*

别　　名：杉松

识别要点：常绿乔木，高达30m，胸径1m。一年生枝淡黄褐色或淡褐色，无白粉。叶条形，长2~4cm，宽1.5~2.5mm，先端急尖或渐尖，无凹缺，下面有2条白色气孔带。球果圆柱形，苞鳞长不及种鳞之半，绝不露出；种子倒三角形，种翅宽大，较种子长。

地理分布：产辽宁、吉林长白山和牡丹江流域；俄罗斯西伯利亚和朝鲜也有分布。

生长习性：耐荫，极耐寒。喜冷湿气候和深厚、湿润、排水良好的酸性暗棕色森林土。浅根性，抗病虫害及烟尘能力较强，对二氧化硫及氟化氢抗性较强。

种植要点：播种繁殖。

园林用途：树姿雄伟、端庄，是优良的山地风景林树种，也常用于庭园观赏。木材也是造纸原料。

栽植地点：树木园。

◎ 日本落叶松 *Larix kaempferi*

识别要点：高达35m，胸径达1m；树皮暗灰褐色，1年生枝紫褐色，有白粉，幼时被褐色毛。叶长2~3cm，宽约1mm。球果广卵圆形或圆柱状卵形，长2~3.5cm，径1.8~2.8cm；种鳞卵状长方形或卵状方形，紧密，边缘波状，显著外曲；苞鳞不露出。花期4~5月，球果9~10月成熟。

地理分布：原产日本，我国东北、华北等地引种。

生长习性：强阳性，耐寒；对土壤要求不严，略耐盐碱，有一定的耐湿和耐旱力。寿命长，根系发达。

种植要点：播种繁殖。

园林用途：树冠整齐，叶轻柔而潇洒，秋叶红褐色，可形成优美的风景林。森林树种。

栽植地点：北校5号楼南侧。

◎ 金钱松 *Pseudolarix amabilis*（*Pseudolarix kaempferi*）

识别要点：落叶乔木，树冠宽塔形；大枝不规则轮生，有长枝、短枝。叶条形，柔软，在长枝上螺旋状排列，在短枝上15~30枚簇生，呈辐射状平展，似铜钱。雌雄同株，雄球花簇生短枝顶端，雌球花单生短枝顶端。球果卵圆形，当年熟；种鳞木质，脱落；种子有翅。花期4~5月，球果10~11月成熟。

地理分布：中国特产，孑遗植物。分布于长江中下游以南低海拔温暖地带。

生长习性：喜光，喜温暖湿润气候，可耐短期-20℃低温。适于中性至酸性土壤，忌石灰质土壤。深根性。

种植要点：播种繁殖；幼树采穗枝插，成活率也可达70~80%。菌根树种，移栽时需带原圃的菌根土。

园林用途：树姿挺拔雄伟，秋叶金黄色，为珍贵的观赏树。是世界五大公园树种之一。也可作行道树或与其他常绿树混植；风景区内则宜群植成林，以观其壮丽秋色。国家二级重点保护树种。

栽植地点：树木园。

◎ 雪松 *Cedrus deodara*

识别要点：常绿乔木，高达70m，树冠塔形。枝下高极低，有长枝和短枝，小枝细长，微下垂。针叶在长枝上螺旋状排列，在短枝上簇生，长2.5～5cm，各面有数条气孔线，有白粉。雌雄异株稀同株。球果卵圆形，直立。花期10~11月，球果翌年10月成熟。

地理分布：原产喜马拉雅山西部。辽宁以南广泛栽培。

生长习性：喜温暖、湿润气候，可耐短期-25℃低温；喜光，喜深厚而排水良好的微酸性土，忌盐碱；大气污染检测树种，含二氧化硫气体会使嫩叶迅速枯萎。浅根性，抗风性弱。

种植要点：播种、扦插或嫁接繁殖。移植要带土球，保留完整侧枝，以保持良好树形。栽植后要用支架固定，以防风倒。

园林用途：雪松是世界五大公园树种之一。树体高大，树形优美，下部大枝平展自然，常贴近地面，显得整齐美观。最适宜孤植于草坪、广场、建筑前庭中心、大型花坛中心，或对植于建筑物两旁或园门入口处；也可丛植于草坪一隅。成片种植时，雪松可作为大型雕塑或秋色叶树种的背景。

栽植地点：南校、北校、东校常见栽植。北校3号楼南侧有雌雄同株者。

◎ 华山松 *Pinus armandi*

识别要点：常绿乔木，树皮灰绿色，多不开裂。小枝平滑无毛，绿色。叶5针一束，细长柔软，有极细锯齿，叶鞘早落。球果长10～22cm，圆锥状长卵形，熟时种鳞开裂，种鳞先端不反曲。花期4～5月，种熟期翌年9月。

地理分布：我国西部、西南部。泰山引种生长良好。

生长习性：喜温暖、凉爽、湿润气候，耐寒力强；弱阳性；适于多种土壤，不耐盐碱，耐瘠薄能力不如油松和白皮松。

种植要点：播种繁殖。

园林用途：树体高大挺拔，针叶苍翠，冠形优美，是优良的庭园绿化树种，用作园景树、行道树或庭荫树。

栽植地点：南校、北校、东校、树木园。

◎ 日本五针松 *Pinus parviflora*

识别要点：常绿乔木，原产地高达25m。树冠圆锥形；树皮不规则鳞片状剥裂。小枝密生淡黄色柔毛。叶5针一束，较短细，长3.5~5.5cm，蓝绿色，有白色气孔线；树脂道2，边生；叶鞘早落。球果卵圆形或卵状椭圆形；种子具长翅。花期4~5月，种熟期翌年6月。

地理分布：原产日本，华东地区常见栽培。

生长习性：耐荫性较强，对土壤要求不严，喜深厚湿润而排水良好的酸性土。生长缓慢。

种植要点：播种、扦插或嫁接繁殖，其中以扦插和嫁接较常用。

园林用途：树姿优美，枝叶密集，针叶细短而呈蓝绿色，望之如层云簇拥，为珍贵园林树种。在日本，本种是小巧玲珑的"茶庭"中常用的植物材料。是著名的盆景材料。

栽植地点：树木园。

◎ 白皮松 *Pinus bungeana*

别　　名：虎皮松

识别要点：常绿乔木，树皮片状剥落，内皮乳白色、黄褐色。一年生枝灰绿色，无毛。叶3针一束，粗硬，略弯曲，叶鞘早落。球果卵圆形，鳞盾近菱形，横脊显著；鳞脐背生，具三角状短尖刺。花期4～5月，种熟期翌年9月。

地理分布：中国特产。产西部、西南部。辽宁以南均有栽培。

生长习性：适应性强，耐旱，耐寒，但不耐湿热；对土壤要求不严。阳性树，稍耐荫。对二氧化硫及烟尘污染抗性较强。

种植要点：播种繁殖，种子应层积处理。注意防治立枯病。

园林用途：白皮松是珍贵观赏树种，树干呈斑驳的乳白色，极为醒目，衬以青翠的树冠，独具奇观。旧时多植于皇家园林和寺院中，如北京景山、碧云寺等，北海团城现存有800多年生的白皮松。白皮松与假山、岩洞、竹类植物配植，使苍松、翠竹、奇石相映成趣。是北京古都园林的特色树种。

栽植地点：南校、北校、东校、树木园。

◎ 赤松 *Pinus densiflora*

识别要点：常绿乔木，树皮红褐色，呈不规则鳞片状脱落，鳞片近膜质。冬芽红褐色。叶2针一束，比黑松、油松细软。树脂道4～6（9），边生。球果卵圆形，种鳞较薄，鳞盾扁菱形，较平。花期4～5月，种熟期翌年9～10月。

地理分布：黑龙江东部至辽东半岛、山东半岛、江苏东北部沿海。

生长习性：强阳性，不耐庇荫；喜微酸性至中性土，在粘重土壤中生长不良，不耐盐碱；耐干旱瘠薄，忌水涝。深根性，抗风力强。

种植要点：播种繁殖。

园林用途：树皮橙红，斑驳可爱，老树虬枝蜿垂，是优良观赏树木。适于与假山、岩洞、山石相配。是山东松栎混交林的组成树种。

栽植地点：北校3号楼南侧。东校教学楼周边。树木园。

◎ 欧洲赤松 *Pinus sylvestris*

识别要点：树高达35m，树冠呈圆形或扁平状；老树干下部黑褐色，上部黄褐色，树皮鳞片状开裂。1年生枝淡黄褐色，无毛。冬芽褐色或淡黄褐色。叶2针一束，长3~5cm，蓝绿色，树脂道6~11，边生。球果长卵形，长3~7cm，淡褐灰色，鳞盾长菱形，鳞脊呈四条放射线，肥厚，特别隆起，向后反曲，鳞脐疣状凸起，具易脱落短刺。花期5~6月，种熟期翌年9~10月。

地理分布：主要分布于欧洲和西亚等地，是一种分布在西起大不列颠，东至东西伯利亚及高加索山脉，北达拉普兰之间，广大范围的树种。是北欧唯一的原生松树。我国东北等地有栽培。

生长习性：适应严寒气候，能耐－40~－50℃的低温。

种植要点：播种繁殖。

园林用途：可作庭院树、行道树。

栽植地点：6号楼东北角栽培。

◎ 油松 *Pinus tabuliformis*

识别要点：常绿乔木，老树冠近平顶，树皮上部灰褐色，下部黑褐色，不规则块片剥落。冬芽红褐色，圆柱形。叶2针一束，略弯曲扭转，树脂道边生。球果卵圆形，鳞盾扁菱形肥厚隆起，鳞脐凸起有刺。花期4～5月，种熟期翌年9～10月。

地理分布：中国特产，东北南部、华北、西北。油松是华北植物区系的代表树种。

生长习性：强阳性；耐−30℃以下低温；喜微酸性至中性土，不耐盐碱；耐干旱瘠薄。深根性，抗风力强，寿命长。

种植要点：播种繁殖。移植应在早春新梢萌动前或雨季进行，带土球，保护顶芽。

园林用途：油松是华北地区最常见的松树，在中国传统文化中，象征着坚贞不屈、不畏强暴的气质，古人常以苍松表示人的高尚品格。油松树干挺拔苍劲，盘根樛枝，四季常绿，不畏风雪严寒。在园林造景中，孤植或丛植，并配以山石，所谓“墙内有松，松欲古，松底有石，石欲怪”。在大型风景区内，油松是重要的造林树种。如泰山风景区中，油松是主要的风景树种之一，著名的泰山“望人松”就是油松。油松是华北松栎混交林的主要组成树种。

栽植地点：南校2号公寓东侧。北校，东校教学楼周边。树木园。

◎ 黑松 *Pinus thunbergii*

别　　名： 白芽松、日本黑松

识别要点： 常绿乔木，树皮黑灰色，裂成不规则较厚鳞状块片；幼树树冠狭圆锥形。小枝淡褐黄色，粗壮。冬芽银白色，圆柱形。叶2针一束，粗硬，树脂道6～11，中生，叶先端刺尖。球果狭圆锥形，褐色，鳞盾微肥厚，横脊显著，鳞脐微凹有短刺。花期4～5月，种熟期翌年9～10月。

地理分布： 原产日本及朝鲜，我国东部沿海有栽培。

生长习性： 喜光，喜温暖湿润的海洋性气候，抗海风海雾；对土壤要求不严，在pH值8的土壤上仍能生长；耐干旱瘠薄，忌水涝。深根性。

种植要点： 播种繁殖。

园林用途： 著名海岸绿化及沿海防护林树种。也是制作树桩盆景的材料，并可作嫁接日本五针松及雪松之砧木。

栽植地点： 南校林学实验站。北校南门周边、1号楼、3号楼南侧。东校。树木园。

◎ 斑克松 *Pinus banksiana*

识别要点：常绿乔木，高达25m，有时成灌木状。树皮鳞片状脱落；枝近平展，每年生长2～3轮，小枝紫褐色；冬芽褐色。叶2针一束，粗短，常扭曲，长2～4cm；树脂道2个，中生；叶鞘褐色。球果圆锥状椭圆形，不对称，长3～5cm，径2～3cm，宿存树上数年。

地理分布：原产北美东北部，我国华北、华东等地有引种。崂山、蒙山、塔山等都有栽培。

生长习性：喜温和、凉爽、湿润气候，也耐湿热；弱阳性树种，对土壤要求不严。生长缓慢。

种植要点：播种繁殖。

园林用途：山地造林树种，也可栽培观赏。

栽植地点：树木园。

◎ 火炬松 *Pinus taeda*

识别要点：常绿乔木，树冠呈紧密圆头状，树皮老时呈暗灰褐色，枝每年生长数轮。叶3针一束，罕2针一束，刚硬，稍扭转，长15~25cm；叶鞘长达2.5cm；树脂道2，中生。球果卵状长圆形，长7.5~15cm，鳞盾沿横脊显著隆起，鳞脐具基部粗壮而反曲的尖刺。

地理分布：原产美国东南部；华东、华中、华南均有引栽，常用于低山丘陵造林。

生长习性：喜温暖湿润气候，适生于酸性或微酸性土壤，在土层深厚肥沃，排水良好处生长较快。不耐水涝及盐碱土。深根性。

种植要点：播种繁殖。

园林用途：重要采脂树种，长江流域常见栽培。适于风景区大面积造林，可也供庭园观赏。

栽植地点：树木园。

◎ 湿地松 *Pinus elliottii*

识别要点：与火炬松相近，叶2针、3针一束并存，粗硬，长18~30cm，树脂道2~9，多内生，叶鞘长1.3cm。

地理分布：原产北美东南沿海、古巴、中美洲等地。我国30年代开始引栽，山东以南皆适宜栽植。

生长习性：最喜光树种，极不耐荫；既抗旱又耐水湿，在低洼沼泽地边缘尤佳，故名，但长期积水生长不良；适生于夏雨冬旱的亚热带气候地区，对气温适应性较强，耐40℃的极端高温和–20℃的极端低温。

种植要点：播种繁殖。

园林用途：树姿挺秀，叶荫浓，宜配植山间坡地，溪边池畔，可成丛成片栽植，亦适于庭园、草地孤植、丛植作庇荫树及背景树。作风景林和水土保持林亦甚相宜。重要采脂树种。

栽植地点：树木园。

◎ 日本柳杉 *Cryptomeria japonica*

识别要点：常绿乔木，高达40m；树皮红褐色，长条片状脱落。叶钻形，叶直伸，先端通常不内曲。球果较大，种鳞20~30枚，先端裂齿和苞鳞的尖头均较长，每种鳞具种子2~5粒。

地理分布：原产日本，为日本的重要造林树种。我国长江中下游及山东有引种。

生长习性：喜光，耐荫，喜温暖湿润气候，耐寒，畏高温炎热，忌干旱。适生于深厚肥沃、排水良好的砂质壤土，积水时易烂根。对二氧化硫等有毒气体比柳杉具更强的吸收能力。

种植要点：播种繁殖。移植宜在初冬，需要带土球栽植。

园林用途：树形圆整高大，树姿雄伟。在庭院和公园中，可于前庭、花坛中孤植或草地中丛植。枝叶密集，又耐荫，也是适宜的高篱材料。抗大气污染树种。

栽植地点：北校4号楼南侧。树木园。

◎ 柳杉 *Cryptomeria fortunei*

识别要点： 常绿乔木，高达40m；树冠狭圆锥形或圆锥形。树皮红褐色，长条片状脱落；大枝近轮生，小枝常下垂。叶钻形，微内曲，长1~1.5cm，幼树及萌枝之叶长达2.4cm，四面有气孔线。球果球形，径1.2~2cm。种鳞约20枚，上部多4~5裂齿；发育种鳞具2粒种子。花期4月，球果10月成熟。

地理分布： 我国特有树种，产长江流域及其以南。

生长习性： 中等喜光；喜温暖湿润、云雾弥漫、夏季较凉爽的山区气候；喜深厚肥沃的沙质壤土，忌积水。浅根性，侧根发达，主根不明显。对二氧化硫、氯气、氟化氢均有一定抗性。

种植要点： 播种或扦插繁殖，以播种最为常用。

园林用途： 树形圆整高大，树姿雄伟，最适于列植、对植，或于风景区内大面积群植成林。在庭院和公园中，可于前庭、花坛中孤植或草地中丛植。柳杉枝叶密集，又耐荫，也是适宜的高篱材料，可供隐蔽和防风之用。此外，在江南，柳杉自古以来常用为墓道树。

栽植地点： 树木园。

◎ 落羽杉 *Taxodium distichum*

识别要点：落叶乔木，原产地高达50m，树干基部常膨大，具膝状呼吸根。一年生小枝褐色；着生叶片的侧生小枝排成2列，冬季与叶同落。叶条形，长1.0~1.5cm，扁平，螺旋状着生，基部扭转成羽状，排列较疏。球果圆球形，径约2.5cm。花期4月；球果10月成熟。

地理分布：原产北美东南部，生于亚热带排水不良的沼泽地区。华东等地常见栽培。

生长习性：强阳性，不耐庇荫；喜温暖湿润气候；极耐水湿，能生长于短期积水地区。喜富含腐殖质的酸性土壤。

种植要点：播种和扦插繁殖。

园林用途：树形壮丽，性好水湿，常有奇特的屈膝状呼吸根伸出地面，新叶嫩绿，入秋变为红褐色，是世界著名的园林树种。适于水边、湿地造景，可列植、丛植或群植成林，也是优良的公路树。在江南平原地区，则可作为农田林网树种。

栽植地点：树木园。

◎ 水杉 *Metasequoia glyptostroboides*

识别要点：落叶乔木，高达40m；幼树树冠尖塔形，后变为圆锥形；树皮灰褐色，长条片脱落。小枝及侧芽均对生；冬芽显著。叶交互对生，叶基扭转排成2列，条形扁平，冬季与侧生无芽小枝一同脱落。雄蕊、珠鳞均交互对生。球果近球形，具长梗；种鳞木质，盾状。花期4月；球果9～10月成熟。

地理分布：中国特产。天然分布于四川石柱县、湖北利川县。目前世界50余个国家有引种。

生长习性：阳性树，喜温暖湿润气候，抗寒性颇强，在东北南部可露地越冬。喜深厚肥沃的酸性或微酸性土，在中性至微碱性土上亦可生长，能生于含盐量0.2%的盐碱地上；耐旱性一般，稍耐水湿，但不耐积水。

种植要点：播种或扦插繁殖。

园林用途：树姿优美挺拔，叶色翠绿鲜明，秋叶转棕褐色，是著名风景树。最宜列植堤岸、溪边、池畔，群植在公园绿地低洼处。水杉是国家一级保护树种，著名的孑遗植物，活化石。

栽植地点：南校，北校，东校普遍种植。

◎ 侧柏 *Platycladus orientalis*

识别要点：常绿乔木，老树干多扭转，树皮淡褐色，细条状纵裂。小枝扁平，排成一平面。叶鳞形，交互对生，长1~3mm。雌雄同株，球花单生于小枝顶端。球果当年熟，开裂，种鳞木质，背部中央有一反曲的钩状尖头。

地理分布：我国各地均有分布，主产长江以北。

生长习性：适应性极强。喜光，耐干旱瘠薄，耐盐碱，可耐-35℃低温；对土壤要求不严，酸性、中性或碱性土均可生长。抗污染，对二氧化硫、氯气、氯化氢等有毒气体和粉尘抗性较强。萌芽力强，耐修剪。

种植要点：播种繁殖，各品种常采用扦插、嫁接等法繁殖。

园林用途：树姿优美，耸干参差，枝叶低垂，宛如碧盖，每当微风吹动，大有层云浮动之态。由于四季常青，常列植或对植于寺庙和墓地，象征森严和肃穆。在庭院和城市绿地中，孤植、丛植或列植均可；也可作绿篱，是北方重要的绿篱树种之一。侧柏也是北方重要的山地造林树种。侧柏还是嫁接龙柏的常用砧木。

栽植地点：北校1号楼、3号楼周边，西礼堂周边。树木园。

◎ 千头柏 *Platycladus orientalis* ‘Sieboldii’

识别要点：侧柏品种。从生灌木，枝密生，树冠呈紧密的卵圆形至扁球形。球花、球果同侧柏。
地理分布：我国各地普遍栽培。
生长习性：同侧柏。
种植要点：扦插繁殖为主，也可播种。
园林用途：绿篱树或庭院树。
栽植地点：南校学苑食府东侧绿地，北校1号楼北侧、3号楼周边，树木园。

◎ 柏木 *Cupressus funebris*

识别要点： 常绿乔木，高达35m，胸径2m；小枝上着生鳞叶而成四棱形或圆柱形，稀扁平；小枝松散下垂，不排成一平面。叶鳞形，交互对生。球花雌雄同株，单生枝顶；雄球花长椭圆形，黄色，有雄蕊6~12枚。球果球形，翌年成熟；熟时种鳞木质，盾形，开裂；种子有翅。

地理分布： 我国特有树种，广布长江流域及其以南。以四川、湖北西部、贵州栽培最多，江苏南京等地有栽培。

生长习性： 中性树种，喜温暖多雨气候及钙质土，耐干旱瘠薄，稍耐水湿；要求年平均气温14 ~ 19℃，年平均降水量1000mm，抗风力强，耐烟尘；对土壤适应性广，但以石灰岩土或钙质紫色土生长最好。浅根性，生长旺盛。

种植要点： 播种繁殖。

园林用途： 树姿端庄，为优良观赏树。石灰岩山地造林树种。国家二级重点保护植物。

栽植地点： 树木园。

◎ 圆柏 *Juniperus chinensis*（*Sabina chinensis*）

别　　名：桧柏

识别要点：常绿乔木，高达20m。树皮灰褐色，纵裂成条状剥落，干有时扭转。幼树树冠尖塔形；幼树全为刺叶，老树全为鳞叶，壮龄树两种叶并存；叶二型：鳞叶交互对生，先端钝尖，生鳞叶的小枝近圆形；刺叶常3枚轮生。球果2年成熟，近球形，径6~8mm，熟时暗褐色，被白粉。种子2~4粒，卵圆形。花期4月，种熟期翌年10月。

地理分布：我国广布，自内蒙古南部、华北各省，南达两广北部，西至四川、云南、贵州；朝鲜、日本也有。

生长习性：喜光，幼龄耐庇荫，耐寒耐热（耐−27℃低温和40℃高温）；对土壤要求不严，酸性、中性、石灰质土均可，耐轻度盐碱；抗污染，对二氧化硫、氯气、氟化氢等多种有毒气体均有较强的抗性，并能吸收硫和汞，阻尘和隔音效果良好。

种植要点：播种繁殖，各品种采用扦插或嫁接繁殖。

园林用途：著名园林绿化树种。常植于庙宇、墓地，各地常见古树。圆柏在公园、庭院中应用极为普遍，列植、丛植、群植均适，性耐修剪而且耐荫，作绿篱也比侧柏优良。还是著名的盆景材料。

栽植地点：北校1号楼北侧，3号楼西南侧。东校。树木园。

◎ 塔柏 *Juniperus chinensis* 'Pyramidalis'

识别要点：圆柏品种。枝直展，密集，树冠圆柱状塔形；多为刺叶，间有鳞叶。球花球果同圆柏。
地理分布：华北及长江流域有栽培。
生长习性：同圆柏。
种植要点：扦插繁殖为主，也可播种。
园林用途：适于建筑旁或道路两旁列植、对植、群植，也可作花坛的中心树。
栽植地点：北校4号楼前。树木园。

◎ 龙柏 *Juniperus chinensis* ‘Kaizuca’

识别要点：圆柏品种。树冠较狭窄，树干挺直，侧枝螺旋状向上抱合；鳞叶密生，无或偶有刺形叶。

地理分布：长江流域及华北。

生长习性：同圆柏。

种植要点：扦插、嫁接为主，也可播种。

园林用途：适于建筑旁或道路两旁列植、对植，也可作花坛的中心树。

栽植地点：北校3号楼南侧、8号楼周边有大树，文理楼周边。南校花坛绿地。东校。树木园。

◎ 铅笔柏 *Juniperus virginiana*（*Sabina virginiana*）

识别要点：与圆柏近似。区别为：鳞叶先端急尖或渐尖，生鳞叶的小枝四棱形；刺叶交互对生，不等长。球果近球形，当年成熟，蓝绿色，被白粉，种子1~2粒。花期4月，种熟期10月。

地理分布：原产北美，华东引种栽培。

生长习性：适应性强，耐干旱瘠薄，并能耐盐碱，抗污染，生长速度较圆柏为快。

种植要点：播种、扦插。

园林用途：树形挺拔，枝叶清秀，为优良绿化树种。木材为高级绘图铅笔杆材料。

栽植地点：北校1号楼北侧，2号楼西侧，水土学院。树木园。

◎ 铺地柏 *Juniperus procumbens*（*Sabina procumbens*）

识别要点： 匍匐小灌木，高达75cm，冠幅2m以上；枝条沿地面伏生，枝梢向上斜展。叶全为刺叶，条状披针形，先端锐尖，长6~8mm，常3枚轮生；上面凹，有2条白色气孔带，气孔带常在上部汇合；下面蓝绿色。球果近球形，径8~9mm，熟时黑色，被白粉。种子2~3粒，有棱脊。

地理分布： 原产日本。我国各地常见栽培。

生长习性： 阳性树，耐旱性强，较耐寒，忌低湿。

种植要点： 扦插、嫁接、压条或播种繁殖。

园林用途： 枝干匍匐，植株贴地而生，姿态蜿蜒匍匐，色彩苍翠葱笼，是理想的木本地被植物，可配植于草坪角隅、悬崖、池边、石隙、台坡、林缘等处，尤适于岩石园应用。还是著名的盆景材料，常用于制作悬崖式盆景。

栽植地点： 树木园。

◎ 沙地柏 *Juniperus sabina*（*Sabina vulgaris*）

别　　名：叉子圆柏

识别要点：匍匐灌木，高不及1m，或为直立灌木或小乔木。枝密生，斜上伸展。叶二型：刺叶出现在幼树上，长3~7mm，上面凹，下面拱形，中部有腺体；壮龄树几全为鳞叶，背面有明显腺体。球果卵球形，径7~8mm，熟时蓝黑色，有蜡粉；种子2~3粒。

地理分布：产西北和内蒙古等地，欧洲南部和中亚也有分布，华北各地常见栽培。

生长习性：阳性树，极耐干旱瘠薄，能在干燥的沙地和石山坡上生长良好，喜生于石灰质的肥沃土壤。

种植要点：扦插、压条或播种繁殖。

园林用途：可作园林中的护坡、地被材料，也是优良的水土保持和固沙树种。

栽植地点：南校学生宿舍周边。树木园。

◎ 翠柏 *Juniperus squamata* 'Meyeri'（*Sabina squamata* 'Meyeri'）

识别要点：为高山柏的品种。直立灌木，高1~3m。小枝密生；叶刺形，密集，长6~10mm，3叶轮生，两面被白粉，呈翠蓝绿色。球果卵圆形，径约6mm，种子1粒。

地理分布：黄河流域至长江流域常栽培观赏。

生长习性：喜光，耐干旱瘠薄，能在干燥山坡上生长良好，生于石灰质的肥沃土壤。

种植要点：用圆柏或侧柏作砧木嫁接繁殖。

园林用途：树冠浓郁，叶色翠蓝，是优良的庭院观赏树种。适合孤植或丛植，也是常用的盆景材料。

栽植地点：树木园。

◎ 东北红豆杉 *Taxus cuspidata*

识别要点：常绿乔木，高达20m；树冠阔卵形或倒卵形；树皮赤褐色。枝平展或斜展，密生，小枝基部有宿存芽鳞。一年生小枝绿色，秋后淡红褐色。叶条形，长1~2.5cm，宽2.5~3mm，在主枝上螺旋状排列，在侧枝上呈不规则2列，上面绿色，有光泽，下面有2条淡黄绿色气孔带，中脉上无乳头状突起。种子卵圆形，上部通常具3~4钝脊；假种皮红色，杯状。花期5~6月，种熟期9~10月。

地理分布：产东北地区；日本、朝鲜、俄罗斯也有分布。

生长习性：耐荫，喜寒冷而湿润环境，喜肥沃、湿润、疏松、排水良好的棕色森林土，在积水地、沼泽地、岩石裸露地生长不良。浅根性，耐寒性强，寿命长。

种植要点：播种或嫩枝扦插。

园林用途：树形端庄，枝叶茂密，树冠阔卵形或倒卵形，雄株较狭而雌株较开展，枝叶浓密而色泽苍翠，园林中可孤植、丛植和群植，或用于岩石园、高山植物园，也可修剪成型。性耐荫，适于用作树丛之下木。栽培品种：矮紫杉（‘Nana’），低矮灌木，树冠半球形，枝叶密生。

栽植地点：树木园。

被子植物

◎ 白玉兰 *Magnolia denudata*

别　　名：玉兰

识别要点：落叶乔木，树冠卵形或近球形。幼枝及芽均有毛。花芽大，显著，密毛。叶片倒卵状椭圆形，先端突尖。花大，白色，芳香，花被片9枚，3轮，每轮3枚。聚合蓇葖果圆柱形，褐色；假种皮红色，种皮黑色。花期3月，果熟期9月。

地理分布：北京以南广泛栽培。

生长习性：喜光，稍耐荫；喜温暖气候，但耐寒性颇强，耐-20℃低温，在北京及其以南各地均正常生长；喜肥沃、湿润而排水良好的弱酸性土壤，也能生长于中性至微碱性土（pH7~8）中。根肉质，不耐水淹。抗二氧化硫。

种植要点：播种、扦插、压条、嫁接繁殖。不耐移植，在北方不宜在晚秋或冬季移栽，一般以春季开花前或花谢后而尚未展叶时进行为佳。大苗宜带土球。

园林用途：花大而洁白、芳香，开花时极为醒目，宛若琼岛，有“玉树”之称，是著名的早春花木。我国古代民间传统宅院配植中讲究“玉堂富贵”，以喻吉祥如意和富有，其中“玉”即指玉兰。上海市市花。

栽植地点：北校绿地多栽植。东校南院、北院均栽植。南校综合楼周边。

◎ 紫玉兰 *Magnolia liliflora*

别　　名：辛夷

识别要点：落叶大灌木，高达3~5m。小枝紫褐色，无毛。叶片倒卵状椭圆形，长10~18cm，先端渐尖，基部楔形。花大，花瓣6，外面紫色，内面浅紫色或近于白色；花萼3，黄绿色，披针形，长约为花瓣的1/3，早落。花期3~4月，先叶开放；果期9~10月。

地理分布：原产我国中部，各地常见栽培。

生长习性：喜光，稍耐荫；喜温暖湿润气候，也较耐寒，在黄河流域以南各地均可生长。对土壤要求不严，但在过于干燥的粘土和碱土上生长不良；肉质根，忌积水。萌蘖力和萌芽力强，耐修剪。

种植要点：分株、压条繁殖。移植一般在春季开花前或秋季落叶后进行，小苗需带宿土，大苗宜带土球。

园林用途：早春著名花木，其花瓣“外斓斓似凝紫，内英英而积雪”，为庭园珍贵花木之一。株形低矮，特别适于庭院窗前、草地边缘、池畔丛植、孤植，可与翠竹青松配植，以取色彩调和之效。另外，紫玉兰可作为嫁接白玉兰和二乔玉兰等木兰科植物的砧木。花蕾入药，名“辛夷”。

栽植地点：南校大门北侧绿地。

◎ 二乔玉兰 *Magnolia × soulangeana*

识别要点：落叶小乔木或大灌木，高6~10m。叶片倒卵形，下面多少有细毛。花大，钟状，径约10cm，芳香；花萼3，呈花瓣状，长约为花瓣的1/2或近于等长，或有时小型，绿色；花瓣6片，长倒卵形，先端钝圆或尖，基部较狭，外面基部为淡紫红色，上部及边缘多为白色，里面为白色。聚合蓇葖果，圆筒形，种子有红色假种皮。花期3月，果熟期9月。

地理分布：二乔玉兰是白玉兰和紫玉兰的杂交种，由Soulange-Bodin在1820~1840年间杂交育成，约17个品种，性状变异较大，介于二亲本之间，耐寒性优于二亲本。国内外庭园中均常见栽培。

生长习性：喜光，喜温暖湿润气候，耐寒性强，在北京以南均可生长；适应性强，对土壤要求不严；肉质根，忌积水。

种植要点：可用紫玉兰、白玉兰作砧木嫁接繁殖。

园林用途：早春著名花木，为庭园珍贵花木之一。适于庭院、草地、池畔、园路，对植、孤植、列植均可，可与翠竹青松配植，以取色彩调和之效。

栽植地点：南校、北校、东校多有栽植。

◎ 望春玉兰 *Magnolia biondii*

别　　名：望春花

识别要点：落叶乔木。小枝暗绿色。叶长圆状披针形，先端急尖，基部楔形。花先叶开放，花被片9，外轮3，萼片状，近条形，长约1cm；内两轮近匙形，长4～5cm，宽1.3～1.5cm，内轮较小，白色，外面基部带紫红色。膏葖果深褐色，密生突起瘤点；假种皮红色，种皮黑色。花期3月，果熟期9月。

地理分布：北京以南广泛栽培。

生长习性：与白玉兰近似，生长较快。

种植要点：播种繁殖。

园林用途：与白玉兰相似，优良园林绿化观赏树种。

栽植地点：北校3号楼前。东校停车场北侧。南校综合楼前大花坛。

◎ 广玉兰 *Magnolia grandiflora*

别　　名：荷花玉兰

识别要点：常绿乔木。小枝、叶下面、叶柄密被褐色短绒毛。叶厚革质，椭圆形，上面深绿色有光泽，下面密生褐色毛，叶缘略反卷。花白色，芳香，径15~20cm；花被片9~12枚，厚肉质，倒卵形。聚合果短圆柱形，长7~10cm，密被灰褐色绒毛。花期5~6月，果期10月。

地理分布：原产美国，长江以南广泛栽培，山东可露地过冬。

生长习性：喜光，幼苗耐荫；喜温暖湿润气候，也耐短期−19℃ 的低温；对土壤要求不严，但最适于肥沃湿润的酸性土和中性土。根系发达，生长速度中等偏慢。对烟尘和二氧化硫有较强的抗性。

种植要点：播种、嫁接繁殖。

园林用途：树姿雄伟，叶片光亮浓绿，花朵大如荷花，是优美的庭荫树和行道树。可孤植于草坪、水滨，列植于路旁或对植于门前；在开旷环境，也适宜丛植、群植。由于枝叶茂密，叶色浓绿，也是优良的背景树，可植为雕塑、铜像以及红枫等色叶树种的背景。

栽植地点：南校综合楼前绿地。东校。北校4号楼前、5号楼前。

◎ 红运玉兰 *Magnolia×soulangeana* ‘Hongyun’

别　　名：红玉兰

识别要点：二乔玉兰的自然芽变。一年生枝绿褐色，具灰白色皮孔。叶椭圆状倒卵形，先端短渐尖，基部楔形，正面绿色。花被片9枚，鲜红色，比白玉兰花大。一年春、夏、秋3次开花。结果稀少。

地理分布：浙江省嵊州市王飞罡选育的二乔玉兰的自然芽变。北京以南广泛栽培。

生长习性：与二乔玉兰近似。

种植要点：可用紫玉兰、白玉兰等作砧木嫁接繁殖。

园林用途：开花时花大而红艳，极为醒目，是著名的早春花木。树姿雄伟，是优美的庭园树和行道树。可孤植于草坪、水滨，列植于路旁或对植于门前；在开旷环境，也适宜丛植、群植。

栽植地点：北校4号楼周边。南校综合楼南侧绿地。树木园。

◎ 鹅掌楸 *Liriodendron chinense*

别　　名：马褂木

识别要点：落叶乔木。单叶互生，叶片两侧各有一裂片，形似马褂，先端截形或微凹，每边1个裂片，向中部缩入，老叶背面有乳头状白粉点。花黄绿色，杯形，花萼3，花瓣6，花托柱状。聚合翅果，纺锤形。花期5月，果熟期9～10月。

地理分布：中国特产，原产江南至西南，北京以南有栽培。

生长习性：喜光，喜温暖湿润气候，耐短期−15℃低温。喜深厚肥沃、湿润而排水良好的酸性或弱酸性土壤。不耐旱，也忌低湿水涝。对二氧化硫有中等抗性。

种植要点：播种或扦插繁殖。不耐移植，移栽应在春季刚刚萌芽时进行，并带土球。缓苗期长，定植后应精心管理，并在当年冬季注意防寒。

园林用途：树形端庄，叶形奇特，花朵淡黄绿色，美而不艳，秋叶金黄，是极为优美的行道树和庭荫树，适于孤植、丛植于安静休息区的草坪和大型庭园，或用作宽阔街道的行道树。国家二级保护植物。

栽植地点：北校5号楼南侧、4号楼周边。南校综合楼南侧。南校家属院。

◎ 亚美鹅掌楸 *Liriodendron sinoamericanum* (*L. chinense* × *tulipifera*)

别　　名： 杂交马褂木

识别要点： 为鹅掌楸Liriodendron chinense 与北美鹅掌楸Liriodendron tulipifera 的杂交种。叶形变异较大，有的叶片，两侧各有1裂，向中部凹入；有的叶片，两侧各有1～3裂，向中部浅凹。花黄白色。杂种优势明显，生长势超过亲本，10年生植株高可达18m，胸径达25~30cm；

地理分布： 江南至西南，北京以南有栽培。

生长习性： 耐寒性也强，在北京可生长良好。其余同鹅掌楸。

种植要点： 扦插繁殖。其余同鹅掌楸。

园林用途： 同鹅掌楸。

栽植地点： 树木园有栽植，长势良好。

◎ 蜡梅 *Chimonanthus praecox*

识别要点：落叶灌木。叶对生，近革质，椭圆状卵形至卵状披针形，上面粗糙，有硬毛，下面光滑无毛。花鲜黄色，芳香，花被片多数，内层花被片有紫褐色条纹。瘦果长圆形，栗褐色，生于壶形果托中。花期1~3月，果熟期8~9月。

地理分布：北京至湖南、四川都有栽培。河南鄢陵主产。

生长习性：喜光，稍耐荫，耐寒。喜深厚而排水良好的轻壤土，在粘性土和盐碱地生长不良。耐干旱，忌水湿。萌芽力强，耐修剪。对二氧化硫有一定抗性，能吸收汞蒸汽。

种植要点：分株、压条、扦插、播种或嫁接繁殖均可。嫁接为主，分株为次。

园林用途：腊梅是我国特有的珍贵花木，花开于隆冬，凌寒怒放，花香四溢。在江南，可与南天竹等常绿观果树种配植，则红果、绿叶、黄花相映成趣。腊梅也可盆栽观赏，并适于造型。镇江市市花。

栽植地点：北校3号楼前、5号楼前。南校综合楼北，校门东侧护校河北岸，家属院。

◎ 香樟 *Cinnamomum camphora*

别　　名：樟树

识别要点：常绿乔木，具油细胞，各部有香气。单叶互生，全缘，近革质，卵形，离基3出脉，边缘波状，下面微有白粉，脉腋有腺窝。花绿色或带黄绿色。浆果状核果，近球形，直径6~8mm，紫黑色；果托盘状。

地理分布：长江以南，日本和朝鲜也产。国家二级保护植物。

生长习性：较喜光。喜温暖湿润气候和深厚肥沃的酸性或中性沙壤土；较耐水湿，不耐干旱瘠薄。寿命可达千年以上。有一定抗海潮风、耐烟尘和有毒气体能力，并能吸收多种有毒气体。

种植要点：播种繁殖为主，软枝扦插、根蘖也可。

园林用途：树姿雄伟，春叶色彩鲜艳，且枝叶浓荫遍地，是江南最常见的绿化树种，广泛用作庭荫树、行道树。樟树也是珍贵的用材树种，木材有香气；根、干、枝、叶可提取樟脑和樟油；种子可榨油。

栽植地点：北校4号楼南。

◎ 牡丹 *Paeonia suffruticosa*

识别要点：落叶灌木。2回3出复叶，小叶广卵形至卵状长椭圆形，先端3~5裂，基部全缘，背面有白粉，平滑无毛。花单生枝顶，大型，有单瓣和重瓣，花色丰富。蓇葖果长圆形，密生黄褐色硬毛。花期4～5月，果熟期9月。

地理分布：全国栽培甚广。

生长习性：喜光，稍耐荫；喜温凉气候，较耐寒，忌夏季曝晒。喜深厚肥沃而排水良好之砂质壤土，中性土最好，微酸、微碱亦可。根系发达，肉质肥大。生长缓慢。

种植要点：播种、分株和嫁接繁殖。播种繁殖主要用于新品种繁育。9月种子成熟时采下即播，一般秋播当年只生根，第二年才出苗，4~5年生可开花。分株繁殖适于各品种，在9~10月间进行，将4~5年生丛生植株挖出，去掉根上附土，阴干1~2天后，短截茎干，用手或利刀将植株顺势分为3~5份，每份必须带有适当根系和至少3~5个蘖芽，切口处用1%硫酸铜溶液消毒，晾干后即可栽植。嫁接繁殖也在9~10月间进行，一般以芍药的肉质根作砧木，选用大株牡丹根际上萌发的新枝或枝干上一年生短枝作接穗，采用枝接法。

园林用途：牡丹花大而美，姿、色、香兼备，是我国传统名花，素有“花王”之称。我国人民把牡丹作为富贵吉祥、和平幸福、繁荣昌盛的象征，代表着雍容华贵、富丽高雅的文化品位。作为观赏植物栽培大约始于南北朝时期，在唐朝传入日本，1656年以后，荷兰、英国、法国等欧洲国家陆续引种，20世纪初传入美国。

栽植地点：南校牡丹园。林学实验站。北校家属院。树木园。

◎ 芍药 *Paeonia lactiflora*

识别要点：多年生宿根草本。具纺锤形的块根，并于地下茎产生新芽，新芽于早春抽出地面。新叶红色，中部复叶二回三出，小叶披针形，狭窄，正反面均为黑绿色。枝梢的渐小或成单叶。花大且美，有芳香，花簇生枝顶或叶腋，而牡丹花只单生于枝顶，这是牡丹与芍药的区别之一。芍药花瓣白、粉、红、紫或黄色，花期 4 ~ 5 月，果熟期 9 月。

地理分布：全国栽培甚广。

生长习性：喜光，耐寒，夏季喜凉爽气候。要求肥沃疏松、排水良好的沙质壤土。忌盐土。

种植要点：芍药一般采用分株繁殖。俗语称：“春分分芍药，到老不开花。故芍药春季不宜移植，通常于10月间地上部分枯萎后进行分株。分株时将根株掘出，用利刀顺根部裂缝处切开，使每从带有3 ~ 5个饱满充实的芽及下面的根群(切忌伤害芽眼)，然后栽植，覆土至芽顶上3 ~ 4cm，保持土壤湿润，分株栽植后在第二年即能开花。盆栽芍药1 ~ 2年换盆一次，于10月初进行。换盆时应多保留些宿土。如株丛不大，不要分株。

园林用途：著名花卉。

栽植地点：南校牡丹园。林学实验站。树木园。

芍药与牡丹的区别：

1、牡丹是落叶灌木。芍药是宿根块茎草本植物。

2、牡丹叶片宽，正面绿色略呈黄色。芍药叶片狭窄，正反面均为黑绿色。

3、牡丹的花朵多单生于花枝顶端，花径一般在20cm左右。芍药的花多族生于枝顶，花径在15cm左右。

4、牡丹一般在4月中下旬开花。芍药在5月上中旬开花。二者花期相差约15天。

◎ 小檗 *Berberis thunbergii*

别　　名：日本小檗

识别要点：落叶灌木。小枝红褐色，有沟槽；刺通常不分叉。叶倒卵形或匙形，全缘，表面暗绿色，背面灰绿色。花1~5朵组成簇生状伞形花序，花黄色，花冠边缘有红晕。浆果椭圆形，成熟时亮红色。花期5月；果熟期9月。

地理分布：原产日本，我国广泛栽培。

生长习性：喜光，喜温暖湿润气候，对土壤要求不严，耐旱，喜深厚肥沃排水良好的土壤。萌蘖性强，耐修剪。

种植要点：播种、扦插。扦插应用最广，硬枝扦插于春季进行，也可结合冬剪，插于温室或塑料棚中，次年5~6月即可分栽；嫩枝扦插在7~9月进行，用当年生半木质化枝条作插穗。

园林用途：枝细叶密，花黄果红，枝条红紫色，适于作花灌木丛植、孤植，或作刺篱。

栽植地点：北校3号楼周边。南校梳洗河沿岸。

◎ 紫叶小檗 *Berberis thunbergii* ‘Atropurpurea’

识别要点：为小檗品种。叶片在整个生长期内紫红色，其余同小檗。

地理分布：原产日本，我国广泛栽培。

生长习性：同小檗。

种植要点：同小檗。为提高观赏性，促发红色新叶、保持树形，应定期整形修剪。

园林用途：紫叶小檗是上世纪20年代在欧洲育成的，约1940年代传入我国，各地普遍栽培，叶片紫红，远观效果甚佳，萌芽力强，耐修剪，是优良的绿篱和地被材料，可与金叶女贞、金叶连翘等配色作模纹图案。

栽植地点：北校4号楼周边、文理楼前。南校、东校广泛栽植。

◎ 庐山小檗 *Berberis virgetorum*

识别要点：落叶灌木。茎多分枝，枝有细沟纹，刺通常不分叉，偶为三分叉，长1～2.5cm。叶簇生，倒披针形至匙形，叶基渐狭而呈柄状，全缘。花序略呈总状，腋生；萼片6，两轮；花瓣6；雄蕊6，与花瓣对生；浆果矩圆形，长9mm，红色，无宿存花柱。

地理分布：分布于浙江、江西、福建、湖南、湖北、广东、广西等省区。

生长习性：喜光，喜温暖湿润气候，也耐寒、耐旱；对土壤要求不严，喜深厚肥沃排水良好的土壤。萌蘖性强，耐修剪。

种植要点：播种、扦插。

园林用途：枝细叶密，花黄果红，适于作花灌木丛植、孤植，或作刺篱。

栽植地点：北校3号楼南侧。

◎ 掌刺小檗 *Berberis koreana*

识别要点： 又名朝鲜小檗。落叶灌木，茎多分枝，刺掌状3~7裂，长8~10mm。叶片椭圆形或倒卵状椭圆形，先端圆钝，基部楔形，边缘有齿状锯齿。总状花序长4~6cm，花淡黄色，花瓣倒卵形。浆果球形，红色。花期4~5月，果期8~9月。

地理分布： 主产华北，北京、河北保定、泰安等地有栽培。

生长习性： 喜光，略耐荫，耐干旱瘠薄，耐寒；对土壤要求不严。萌芽力强，耐修剪。

种植要点： 播种繁殖。

园林用途： 观赏、水土保持植物。园林中适于作花灌木丛植、孤植，或作刺篱。

栽植地点： 北校8号楼南侧。

◎ 阔叶十大功劳 *Mahonia bealei*

识别要点：常绿灌木，一回羽状复叶，互生，小叶无柄，卵形至卵状椭圆形，长5~12cm，叶缘反卷，有大刺齿2~5对，顶生小叶柄长1.5~6cm。总状花序长5~13cm，6~9个簇生，花黄褐色，芳香。浆果卵球形，蓝黑色，被白粉，长约1cm，径约6mm。花期11月至翌年3月，果期4~8月。

地理分布：产于秦岭、大别山以南，长江流域各地园林中常见栽培。

生长习性：喜温暖湿润气候；耐半荫；不耐严寒；可在酸性土、中性土至弱碱性土中生长。萌蘖力较强。

种植要点：播种、扦插或分株繁殖。移植宜在春季或秋季进行，应带土球。

园林用途：四季常青，叶片奇特，秋叶红色，赏心悦目。可用于布置花坛、岩石园、庭院、水榭，常与山石配置，也可作境界绿篱树种，还也可作冬季切花材料。

栽植地点：树木园。林学实验站。

◎ 十大功劳 *Mahonia fortunei*

识别要点： 常绿灌木，高2m，全体无毛。小叶5~9，无柄或近无柄，侧生小叶狭披针形至披针形，长5~11cm，宽0.9~1.5cm，顶生小叶较大，长7~12cm，边缘每侧有刺齿5~10。花黄色，总状花序长3~7cm，4~10条簇生，花梗长1~4mm。浆果蓝黑色，外被白粉。花期7~9月，果期10~11月。

地理分布： 产于长江以南地区，多生于海拔2000m以下的阴湿沟谷。我国南方各地常见栽培，日本、印度尼西亚、美国也有栽培。

生长习性： 同阔叶十大功劳。

种植要点： 播种、扦插或分株繁殖。

园林用途： 枝干挺直，叶形奇特，花朵鲜黄，十分典雅，常植于庭院、林缘、草地边缘，也可点缀假山、岩石，或作绿篱和基础种植材料。北方可盆栽观赏。根、茎和种子供药用。

栽植地点： 树木园。林学实验站。

◎ 南天竹 *Nandina domestica*

识别要点：常绿灌木，全株无毛。2~3回羽状复叶，互生，中轴有关节，小叶全缘，椭圆状披针形，革质，先端渐尖，基部楔形，两面无毛，表面有光泽。圆锥花序顶生，长20~35cm；花白色，芳香；萼多数；花瓣6；雄蕊6。浆果球形，径约8mm，鲜红色。花期5~7月；果期9~10月。

地理分布：产中国与日本，广泛栽培。

生长习性：喜半荫，喜温暖气候和肥沃湿润而排水良好的土壤；耐寒性不强，在长江以北应选择温暖的小气候条件下栽培。生长速度较慢。萌芽力强，萌蘖性强，寿命长。

种植要点：播种、分株或扦插繁殖。

园林用途：茎干丛生，枝叶扶疏，初夏繁花如雪，秋季果实累累、殷红璀璨，状如珊瑚，而且经久不落，雪中观赏尤觉动人，是赏叶观果的佳品。适于庭院、草地、路旁、水际丛植及列植。在古典园林中，常植于阶前、花台，配以沿阶草、麦冬等常绿草本植物，红绿相映，景色宜人。也可盆栽观赏。枝叶或果枝是良好的插花材料。根、叶、果可入药。

栽植地点：树木园。林学实验站。

◎ 二球悬铃木 *Platanus acerifolia (Platanus hispanica)*

别　　名： 悬铃木、英国梧桐

识别要点： 树皮灰绿色，片状剥落，内皮平滑。嫩枝、叶密被褐黄色星状毛；柄下芽。叶片三角状宽卵形，掌状5裂；中裂片三角形，长宽近相等。头状花序。果序常2个生于1个总果柄上；宿存花柱刺状。

地理分布： 为三球悬铃木与一球悬铃木的杂交种，性状介于二者之间。东北南部、华北、华中及华南均有栽培。

生长习性： 喜光，耐寒、耐旱、耐湿、也耐盐碱；对土壤要求不严，酸性、中性或碱性土均可生长，极耐土壤板结。萌芽力强，耐修剪。对烟尘和二氧化硫、氯气等有毒气体抗性强。

种植要点： 播种或扦插繁殖。耐移植，截干、截枝裸根移植极易成活。

园林用途： 树形雄伟端庄，叶大荫浓，干皮光滑，适应性强，为世界著名行道树和庭园树，被誉为"行道树之王"。

栽植地点： 北校大门周边。东校大门两侧。南校学生生活区、教师生活区常见栽植。

◎ 三球悬铃木 *Platanus orientalis*

别　　名：法国梧桐

识别要点：叶掌状5~7深裂，裂片长大于宽，叶基阔楔形或截形，边缘有不规则锯齿；果序3~6个一串；宿存花柱长，呈刺毛状。

地理分布：原产欧洲东南部和亚洲西部，久经栽培。据记载，我国晋代即有引种，今陕西户县存有古树，西北及山东、河南等地有栽培。

生长习性：同二球悬铃木。

种植要点：同二球悬铃木。

园林用途：同二球悬铃木。

栽植地点：北校南大门东侧有栽培，与二球悬铃木混栽。

◎ 枫香 *Liquidambar formosana*

识别要点：落叶乔木，树液有芳香。叶互生，宽卵形，掌状3裂，裂片先端尾尖，基部心形或截形，有细锯齿。花单性同株，无花瓣；雄花序头状，无花被，雄蕊多数；雌花序头状，常有数枚刺状萼片；蒴果，果序直径3~4cm，下垂，宿存花柱长达1.5cm，刺状萼片宿存。

地理分布：秦岭淮河以南，至四川、广东。

生长习性：喜光，喜温暖湿润气候，耐干旱瘠薄，不耐水湿。萌芽性强，对二氧化硫、氯气等有毒气体抗性较强。幼年期生长较慢，壮年后生长速度较快。

种植要点：播种繁殖，也可扦插。

园林用途：是江南地区最著名的秋色叶树种。叶片入秋经霜，幻为春红，艳丽夺目，古人称之为“丹枫”。适宜长江流域及其以南地区用于园林造景，宜于低山风景区内大面积成林。在城市公园和庭园中，与银杏等黄叶树种配植。全株入药，行气解毒，故名“路路通”。

栽植地点：北校2号楼南、4号楼南、文理楼周边栽培，南校大门北侧绿地多有栽植。

◎ 蚊母树 *Distylium racemosum*

识别要点：树冠开展呈球形。小枝和芽有盾状鳞片。叶厚革质，椭圆形至倒卵形，长3~7cm，先端钝或略尖，基部宽楔形，全缘。花单性同株，总状花序长约2cm，雄花位于下部，雌花位于上部；花药红色。蒴果卵形，密生星状毛，花柱宿存。花期4~5月，果期9~10月。

地理分布：产东南沿海，多生于海拔800m以下的低山丘陵；日本和朝鲜也产。

生长习性：喜光，稍耐荫；喜温暖湿润气候，耐寒性不强；对土壤要求不严。萌芽力强，耐修剪。对烟尘和多种有毒气体有较强的抗性。

种植要点：播种、扦插繁殖。

园林用途：枝叶密集，叶色浓绿，树形整齐美观，常修剪成球形，适于草坪、路旁孤植、丛植，或用于庭前、入口对植；也可植为雕塑或其他花木的背景。因其防尘、隔音效果好，亦适于作为防护绿篱材料或分隔空间用。

栽植地点：北校区校医院南侧。树木园。

◎ 牛鼻栓 *Fortunearia sinensis*

识别要点：落叶小乔木或灌木。小枝、叶柄及花序梗均密生灰色星状柔毛。单叶互生，羽状脉，叶片倒卵状长椭圆形，长5～15cm，宽2～9cm，先端短渐尖，基部圆形或楔形，边缘具不整齐的波状锯齿。花杂性，顶生的总状花序；花萼5齿裂；花瓣5，钻形；雄蕊5，花丝极短；雌蕊子房半下位，花柱2条，红色，向外卷曲。蒴果2瓣裂，密布苍白色皮孔。花期4～5月。果期7～8月。

地理分布：分布于中国中部各省，包括陕西、河南、四川、湖北、安徽、江苏，江西及浙江等省。生于山坡杂木林中或岩石隙中。

生长习性：喜光，喜温暖湿润，较耐寒；对土壤要求不严。

种植要点：播种繁殖。

园林用途：绿化树种。入药。

栽植地点：树木园。

◎ 杜仲 *Eucommia ulmoides*

识别要点：落叶乔木，全株各部（枝叶、树皮、果实等）有白色弹性胶丝。单叶互生，椭圆形，叶缘有锯齿，表面网脉下陷，有皱纹。花单性，雌雄异株，无花被，先叶开放或与叶同放；雄花簇生于苞腋内，雄蕊6～10，花药条形，花丝极短；雌花单生于苞腋；子房上位，2心皮，1室，胚珠2。翅果顶端2裂。花期3～4月，果期10月。

地理分布：中国特产，华北、西北、华中、西南。

生长习性：喜光，喜温暖湿润气候。在土层深厚疏松、肥沃湿润而排水良好的土壤生长良好。耐干旱和水湿的能力一般；在酸性、中性至微碱性土壤上均可生长，耐轻度盐碱。深根性，萌芽力强。

种植要点：播种繁殖，也可扦插、压条或分蘖。

园林用途：杜仲是著名特用经济树种，栽培历史悠久，公元3世纪即传入欧洲。树形整齐，枝叶茂密，园林中可作庭荫树和行道树，也可在草地、池畔等处孤植或丛植。树皮入药，可提取硬性橡胶，国家二级保护植物。

栽植地点：北校南门周边、3号楼前。南校图信楼北侧。

◎ 白榆 *Ulmus pumila*

识别要点：树冠圆球形，树皮纵裂，暗灰色。小枝灰色，细长，排成二列。叶二列状互生，卵状长椭圆形，基部偏斜，边缘有重锯齿。花两性，簇生于去年生枝侧；萼钟形，宿存，4裂；雄蕊与花萼同数对生；雌蕊2心皮，1室。翅果近圆形，顶端有缺口，种子位于中央。花期3～4月，果期4～5月。

地理分布：东北、华北、西北及西南。

生长习性：喜光，耐寒、耐旱；喜肥沃、湿润排水良好的土壤，较耐水湿。耐干旱瘠薄和盐碱土，在含盐量达0.3%的氯化物盐土和0.35%的苏打盐土、pH值达9时仍可生长，如土壤肥沃，耐盐能力上限达0.63%，尤其对Cl^-的适应能力很强。主根深，侧根发达，抗风力、保土力强；萌芽力强。对烟尘和氟化氢等有毒气体的抗性较强。

种植要点：播种繁殖，种子失水后寿命较短，采后宜即播种。为培育通直大苗，在苗期可适当密植，并注意经常修剪侧枝，以促主干向上生长。一年生苗可高达1~1.5 m，2~3年生苗可出圃用于绿化。此外，也可用根插育苗。龙爪榆等品种宜用榆树作砧木，嫁接繁殖。

园林用途：是华北地区的乡土树种，适植于山坡、水滨、池畔、河流沿岸、道路两旁。榆树老桩也是优良的盆景材料。在欧美各国，榆树（主要是欧洲白榆和美国榆）是重要的行道树和公园树种，榆与椴、七叶树、悬铃木一起被称为世界四大行道树。

栽植地点：北校3号楼南，1号楼北侧，西礼堂周边。南校学生生活区。树木园。

◎ 榔榆 *Ulmus parvifolia*

别　　名： 掉皮榆、小叶榆

识别要点： 树皮不规则薄鳞片状剥落。叶较小而质厚，长椭圆形至卵状椭圆形，边缘有单锯齿。花簇生叶腋，秋季开花。翅果长椭圆形，长约1cm。花期8~9月，果期10~11月。

地理分布： 华北、华东、西南。

生长习性： 喜光，稍耐荫；喜温暖气候，耐-20℃的短期低温；喜肥沃、湿润土壤，也能耐干旱瘠薄和水涝，在酸性、中性和石灰性土壤上均可生长。深根性；萌芽力强。抗污染，对烟尘和二氧化硫等有毒气体的抗性较强。

种植要点： 播种繁殖。注意修枝培养通直树干。

园林用途： 树皮斑驳，枝叶细密，姿态潇洒，具有较高观赏价值，在庭院中孤植、丛植，或与亭榭、山石配植均很合适，也是优良的行道树和园景树。还是优良的盆景材料。

栽植地点： 北校南门周边。树木园。

◎ 黄榆 *Ulmus macrocarpa*

别　　名：大果榆

识别要点：小枝淡黄褐色，有毛，有时具2~4条木栓翅。叶倒卵形，长5~9cm，先端突尖，基部偏斜，叶缘有重锯齿；质地粗糙，厚而硬，表面有粗毛。翅果倒卵形，径2.5~3.5cm，具黄褐色长毛。花期3~4月，果期4~5月。

地理分布：产东北和华北；朝鲜和俄罗斯也有分布。

生长习性：适应性强，喜光，耐干旱瘠薄，酸性、中性、钙质土均可，尤喜石灰质土壤。

种植要点：播种或萌蘖繁殖。注意修枝培养通直树干。

园林用途：深秋叶片红褐色，点缀山林颇为美观，是北方秋色叶树种之一，可栽培观赏。

栽植地点：树木园。

◎ 欧洲白榆 *Ulmus laevis*

识别要点： 叶片倒卵形或倒卵状椭圆形，基部极偏斜，叶缘重锯齿，叶面无毛或叶脉凹陷处有疏毛，叶背有毛或近基部的主脉及侧脉上有疏毛。有花20~30朵生于去年生枝上，簇生状短聚伞花序，花梗纤细下垂，长6~20mm，花被上部7~9浅裂。翅果卵形或卵状椭圆形，两面无毛，边缘有睫毛；果梗长达3cm。

地理分布： 原产欧洲。东北、华北、华东、新疆有引种。

生长习性： 阳性、深根性；喜生于土壤深厚、湿润、疏松的沙壤土或壤土，适应性强，抗病虫能力强，在严寒、高温或干旱的条件下，也能旺盛生长。

种植要点： 播种繁殖，种子失水后寿命较短，采后宜即播种。近似白榆，注意修枝培养通直树干。

园林用途： 树体高大，冠大荫浓，群植于草坪、山坡，也可列植。行道树、庭荫树。

栽植地点： 北校3号楼南。树木园。

◎ 琅琊榆 *Ulmus chenmoui*

识别要点：树皮淡褐灰色，裂成薄片脱落；小枝幼时密被柔毛，后变无毛。叶互生，宽倒卵形、长圆状倒卵形，先端尾状尖，基部偏斜，边缘具重锯齿，上面密被短硬毛，粗糙，下面密被柔毛；叶柄密被长柔毛。春季先叶开花，簇状聚伞花序侧生。翅果窄倒卵形、长圆状倒卵形或宽倒卵形，两面及边缘疏被或密被柔毛，果核位于翅果的中上部，上端接近缺口，果梗长1~2mm，被短毛。

地理分布：仅分布于安徽滁县琅琊山和江苏句容宝华山。生于海拔100~250m石灰岩丘陵山地，分布面积窄小，数量甚少。国家三级保护植物。

生长习性：喜光树种，耐干旱瘠薄，能生于岩石裸露、土层浅薄的立地条件，但在土层深厚、肥沃之处生长较快。根系发达，寿命长。

种植要点：播种繁殖，种子失水后寿命较短，采后宜即播种。注意修枝培养通直树干。

园林用途：树体高大，冠大荫浓，群植、列植。作行道树、庭荫树。

栽植地点：树木园。

◎ 榉树 *Zelkova schneideriana*

识别要点：落叶乔木，树皮深灰色，光滑。小枝密被柔毛。叶椭圆状卵形，羽状脉，先端渐尖，基部宽楔形，桃形锯齿排列整齐，内曲，上面粗糙，背面密生灰色柔毛。坚果，先端歪斜。花期 3 ~ 4月；果熟期10 ~ 11月。

地理分布：华东、华中至华南、西南，山东引种，生长良好。

生长习性：喜光，喜温暖湿润气候，喜深厚、肥沃、湿润的土壤，尤喜石灰性土，耐轻度盐碱，不耐干瘠。深根性，抗风强。耐烟尘，抗污染，寿命长。

种植要点：播种繁殖，种子需层积处理。注意修枝培养通直树干。

园林用途：入秋叶色红艳，春叶也呈紫红色或嫩黄色，是分布区重要的秋色树种。优良的庭荫树、行道树。最适于孤植或丛植，以点缀亭台、假山、水池、建筑等。

栽植地点：水土学院。树木园。

◎ 光叶榉 *Zelkova serrata*

识别要点： 幼枝红褐色，初被柔毛后脱落。芽红褐色，有光泽，无毛。叶卵形至卵状披针形，长3~10cm，宽1.5~5cm，质地较薄，表面较光滑，亮绿色，两面幼时被毛，后脱落；叶缘锯齿尖锐，较榉树开张；叶柄短，长不足0.5cm，无毛。

地理分布： 产东北南部经华东、华中至西南各地。散生于海拔700m以上的山地。山东有分布。朝鲜、日本也有分布。

生长习性： 与榉树相似，但比榉树耐寒性、抗风性更强。

种植要点： 同榉树。

园林用途： 同榉树。

栽植地点： 北校1号楼北侧。树木园。

◎ 朴树 *Celtis sinensis*

识别要点：树冠扁球形。树皮灰色，平滑。幼枝有短柔毛后脱落。叶宽卵形、椭圆状卵形，基部偏斜，中部以上有粗钝锯齿；沿叶脉及脉腋疏生毛；叶脉三出，在上面凹下背面明显突起。核果圆球形，熟时橙红色，果柄与叶柄近等长。花期4月；果熟期10月。

地理分布：华东、华中、西南，山东引种。

生长习性：弱阳性，较耐荫；喜温暖气候和肥沃、湿润、深厚的中性土，既耐旱又耐湿，并耐轻度盐碱。根系深，抗风力强。抗污染，尤其对二氧化硫和烟尘抗性强，并有较强的滞尘能力。寿命长。

种植要点：播种繁殖，种子需层积处理。注意修枝培养通直树干。

园林用途：树冠宽广，春季新叶嫩黄，夏季绿荫浓郁，秋季红果满树，是优美的庭荫树、行道树。因其抗烟尘和有毒气体，适于工矿区绿化。

栽植地点：北校1号、2号、5号楼周边、水土学院。南校校医院东侧。

左朴树，右小叶朴

◎ 小叶朴 *Celtis bungeana*

别　　名：黑弹树

识别要点：小枝无毛，萌枝幼时密毛。叶狭卵形至卵状椭圆形，先端长渐尖，基部偏斜，锯齿浅钝或近全缘；两面无毛；三出脉，上面叶脉平，下面叶脉微凸起。核果近球形，熟时紫黑色，果柄长为叶柄长之2~3倍。花期4~5月；果期9~10月。

地理分布：东北南部、西北、华北，经长江流域至西南。

生长习性：稍耐荫，喜深厚湿润的中性粘土。

种植要点：播种繁殖，种子需层积处理。注意修枝培养通直树干。

园林用途：可植为庭荫树和行道树。

栽植地点：树木园。

◎ 大叶朴 *Celtis koraiensis*

识别要点：树冠扁球形，树皮灰色或暗灰色，微裂；当年生枝红褐色。叶椭圆形至倒卵状椭圆形，长7~12cm，宽3.5~10cm，基部稍不对称，先端具尾状长尖，两边各有数个长短不等的明显齿尖，边缘具粗锯齿；三出脉。核果单生叶腋，果梗长1.5~2.5cm，果近球形至球状椭圆形，成熟时橙黄色至深褐色，直径约12mm。花期4~5月，果期9~10月。

地理分布：东北南部、华北、西北。

生长习性：喜光，耐寒，较耐干旱、瘠薄，喜生向阳山坡及岩石间杂木林中。

种植要点：播种繁殖，种子需层积处理。注意修枝培养通直树干。

园林用途：树势高大，冠阔荫浓，秋季果球形桔红色，观赏效果良好。是优良的行道树和庭荫树。

栽植地点：林学实验站。树木园。

◎ 珊瑚朴 *Celtis julianae*

识别要点：落叶乔木，高达30m。小枝、叶柄、叶下面均密被黄色绒毛。叶厚，较大，卵状椭圆形，长6~11cm，宽3.5~8cm，上面稍粗糙，下面网脉明显突起；中部以上有钝齿；叶柄长1~1.5cm。核果橘红色，径1~1.3cm；果柄长1.5~2.5cm。花期3~4月，果期9~10月。

地理分布：产长江流域及四川、贵州、陕西、甘肃等地。

生长习性：同朴树，但耐寒性稍差。

种植要点：播种繁殖。

园林用途：树势高大，冠阔荫浓，早春满树着生红褐色肥大花丛，状若珊瑚，秋季果球形桔红色，观赏效果良好。是优良的行道树和庭荫树。

栽植地点：树木园。

◎ 糙叶树 *Aphananthe aspera*

识别要点：高25m，胸径1m。小枝被平伏硬毛，后脱落。叶卵形或椭圆状卵形，长4~14.5cm，宽1.8~4.0cm，先端渐尖，基部近圆形或宽楔形，基脉三出，侧脉伸达齿尖，上下两面有平伏硬毛。雄花序生于新枝基部叶腋，雌花单生新枝上部叶腋；花萼5（4）裂。核果近球形，径8~13mm，黑色，密被平伏硬毛，具宿存花萼及花柱。花期4~5月，果期10月。

地理分布：产长江以南，南至华南北部，西至四川、云南，东至台湾。

生长习性：喜光，略耐荫；喜温暖湿润气候，适生于深厚肥沃土壤中。

种植要点：播种繁殖。

园林用途：树姿婆娑，叶形秀丽，浓荫匝地，是绿荫树之佳选，其年龄愈老，则树干多瘤而愈古奇。山东崂山太清宫附近，有糙叶树千年古木，高约18m，胸围达3.7m，树干弯而苍劲，势若苍龙出海，有“龙头榆”之称，相传为唐代所植。

栽植地点：树木园。

◎ 青檀 *Pteroceltis tatarinowii*

识别要点： 树皮灰色，薄片状剥落。叶卵形或卵圆形，先端渐尖或尾尖，叶缘除基部外有锐尖锯齿；三出脉直伸，侧脉不达齿端。花单性同株。坚果两侧有薄木质翅，近圆形，径约1~1.7cm，果柄纤细。花期4月，果熟期8~9月。

地理分布： 华北、西北、华东、中南、西南。山东枣庄青檀寺有天然古树数百株，极具观赏性。

生长习性： 适应性强，喜光，稍耐荫；喜生于石灰岩山地，也能在花岗岩、砂岩地区生长；耐干旱瘠薄，根系发达，萌芽力强，寿命长。

种植要点： 播种繁殖。果成熟后易飞散，应及时采收。注意修枝养干。

园林用途： 树体高大，树冠开阔，宜作庭荫树、行道树；可孤植、丛植于溪边，适合在石灰岩山地绿化造林。树皮为宣纸原料。国家三级保护植物。

栽植地点： 北校5号楼南青年广场。南校家属院17号楼北侧。

◎ 桑树 *Morus alba*

别　　名： 白桑、家桑

识别要点： 树皮、小枝黄褐色，根皮鲜黄色。叶卵形或广卵形，边缘有粗大锯齿，齿端无芒，有时分裂，表面无毛，有光泽，三出脉，有乳汁。花柱极短或无，柱头2裂。聚花果（桑椹）长卵形至圆柱形，熟时紫黑色、红色或黄白色。花期4月，果熟期5～6月。

地理分布： 我国中部和北部，现全国均有栽培。

生长习性： 喜光，耐寒，耐干旱瘠薄和水湿，在酸性、中性和石灰性土壤上均可生长，耐盐碱。深根性；萌芽力强，耐修剪。抗污染，对烟尘和硫化氢、二氧化氮等有毒气体抗性较强。

种植要点： 播种、嫁接、扦插、压条、分根等法繁殖均可。龙桑、垂枝桑和鲁桑等品种均用桑树为砧木进行嫁接繁殖。

园林用途： 树冠宽阔，枝叶茂密，秋叶变黄，抗污染能力强，是优良的园林绿化树种，常植为庭荫树。自古以来桑树与梓树均常植于庭院，故以“桑梓”指家乡。果实可食，叶供养蚕。

栽植地点： 南校办公楼前、5号公寓北侧、蚕学实验站。北校水土学院。树木园。

◎ 构树 *Broussonetia papyrifera*

别　　名：楮树

识别要点：树皮浅灰色或灰褐色，平滑。小枝、叶柄、叶背、花序柄均密被长绒毛。叶互生，有时近对生，卵圆形至宽卵形，不分裂或不规则2~5深裂，上面密生硬毛，三出脉，有乳汁。雌雄异株，雄花为柔荑花序，雄蕊4；雌花为头状花序，花柱丝状。聚花果球形，熟时橘红色或鲜红色。花期4~5月；果熟期8~9月。

地理分布：全国都有分布。

生长习性：喜光，不耐荫；耐干旱瘠薄，也耐水湿。喜钙质土，酸性土、中性土上也可生长，耐盐碱。抗污染，其中抗烟尘能力很强。萌芽力和萌蘖力均较强。

种植要点：播种繁殖。也可用根插、枝插、分株或压条。

园林用途：枝叶繁茂，观赏价值一般，但抗逆性强，抗污染，阻滞尘埃能力强，可作为城乡绿化树种，用作庭荫树或行道树，尤其适于工矿区和荒山应用。水土保持树种，茎皮可造纸。

栽植地点：北校南门周边。南校校医院东侧。

◎ 柘树 *Cudrania tricuspidata*

别　　名： 柘桑

识别要点： 落叶灌木或小乔木。小枝无毛，有棘刺。叶卵形或菱状卵形，偶为3裂，先端渐尖，基部楔形至圆形，表面深绿色，有乳汁，羽状脉。雌雄异株，雌雄花序均为球形头状花序；雄花花被片4，肉质，内面有黄色腺体2个，雄蕊4，与花被片对生；雌花被片4，先端盾形，内面下部有2黄色腺体。聚花果近球形，直径约2.5cm，肉质，成熟时桔红色。花期5~6月，果期6~7月。

地理分布： 我国华南、华东、华中、西南、华北(除内蒙古外)各省均有分布。

生长习性： 喜光，亦耐荫，耐寒，喜钙土树种，耐干旱瘠薄，多生于山脊的石缝中，适生性很强。根系发达，生长较慢。

种植要点： 播种或扦插繁殖。

园林用途： 柘树叶秀果丽，可在公园的边角、背阴处、街头绿地作庭荫树或刺篱。又是风景区绿化、荒滩保持水土的先锋树种。

栽植地点： 北校4号楼南。树木园。

◎ 无花果 *Ficus carica*

识别要点： 落叶小乔木或灌木状；树冠圆球形。小枝粗壮，有环状托叶痕。叶厚纸质，3~5掌状裂。花雌雄同株，生于囊状中空顶端开口的肉质花序托内壁上，形成隐头花序。隐花果扁球形或倒卵形、梨形，黄绿色、紫红色或近于白色。

生长习性： 喜光，喜温暖气候，在−12℃时新梢受冻，−20~−22℃地上部分冻死，次春自根际萌发成灌木状；喜排水良好的沙壤土，耐旱而不耐涝。侧根发达，根系浅。抗二氧化硫和硫化氢等有毒气体。

种植要点： 常用扦插繁殖。也可分株、压条。

地理分布： 原产地中海沿岸，全国均有栽培。

园林用途： 无花果是一种古老的果木，在公元前3000年，地中海沿岸和西南亚居民就有栽培，大约在唐代传入我国。既是著名的果树，也是优良的造景材料，园林中可结合生产栽培，配植于庭院房前、墙角、阶下、石旁也甚适宜。

栽植地点： 南校水苑花。北校15号楼南侧。树木园。

◎ 核桃 *Juglans regia*

别　　名：胡桃

识别要点：树皮灰白色。小枝绿色，无毛，髓心片隔状。小叶5~9枚，近椭圆形，先端钝圆，基部钝圆或偏斜，全缘，揉碎有芳香。花单性同株，雄花葇荑花序；雌花1~3朵成穗状花序，柱头二裂，羽毛状，黄绿色。核果状坚果，径4~5cm，果核近球形，有不规则浅刻纹和2纵脊。花期4~5月，果熟期9月。

地理分布：华北、西北、西南、华中、华南和华东。

生长习性：喜光，喜凉爽气候，不耐湿热，在年平均气温8~14℃，极端最低气温-25℃以上，年降水量400~1200mm的气候条件下生长正常。喜深厚、肥沃而排水良好的微酸性至微碱性土壤，在瘠薄地和土壤含盐量超过0.2%的盐碱地以及地下水位过高处生长不良。深根性，有粗大的肉质直根，耐干旱而怕水湿。

种植要点：播种、嫁接繁殖。嫁接繁殖可用芽接和枝接，品种以核桃、核桃楸做砧木。

园林用途：树冠开展，树体内含有芳香性挥发油，有杀菌作用，是优良的庭荫树。园林中可在草地、池畔等处孤植或丛植，也适于成片种植。油料果树。国家二级保护植物。

栽植地点：北校南门周边、西礼堂北侧。南校林学实验站，教职工生活区。

◎ 野核桃 *Juglans cathayensis*

识别要点：树皮灰白色，光滑，老时开裂；小枝、叶柄及果实均密被褐色及白色毛。奇数羽状复叶，互生，小叶9～17枚，卵形或卵状长椭圆形，先端尖，边缘有锯齿，基部斜圆形或心形，表面绿色，有疏毛，背面密被锈色毛。花单性，雌雄同株，雄柔荑花序下垂，长20～30cm；雌花序直立，长20～25cm，子房下位。果序常具6～10个果实，核果卵圆形，顶尖，基圆，核有数条隆起的脊。花期4～5月，果期8～9月。

地理分布：长江流域至华南，北达甘肃、陕西、山西、河南、山东等地。

生长习性：阳性树，耐寒性强。喜湿润、深厚、肥沃而排水良好的土壤，不耐干瘠。深根性。

种植要点：播种繁殖。

园林用途：可用于庭院、大型公园、草地、路边等处孤植、列植等。种子可食，并可榨油；外果皮及树皮可作栲胶原料；北方常作嫁接核桃之砧木。

栽植地点：树木园。

◎ 美国黑核桃 *Juglans nigra*

识别要点：落叶乔木，树皮灰黑色，纵裂；树冠宽卵形至扁圆形。一年生枝绿色，被长毛，以后脱落；2年生枝棕褐色，无毛，皮孔明显；髓心片隔状；鳞芽。羽状复叶，小叶7~9对，呈不对称的卵状披针形，略微镰状弯曲，长7~13cm，先端长渐尖，基部偏斜，叶缘具细锯齿，背面被星状毛及柔毛。雄花葇荑花序；雌花1~3朵成穗状花序。核果状坚果，近球形，径4~5cm，先端基部均凸尖；果核近球形，有不规则浅刻纹和2纵脊。花期4~5月，果期8~9月。

地理分布：原产北美，主产美国中部。我国东北、华北、西北有引种。

生长习性：为温带落叶树种，耐寒程度高，抗寒类型可耐–43℃的低温。耐寒冷、耐干旱、适应性强，生长较快。

种植要点：播种繁殖，方法与核桃相似。

园林用途：优良庭荫树、行道树。优质硬木用材。重要的干果、油料树种。嫁接核桃的砧木。

栽植地点：北校南门东北区、1号楼北侧。南校综合楼北侧、图信楼北侧。

◎ 美国山核桃 *Carya illinoensis*

别　名：薄壳山核桃

识别要点：在原产地高达55m。鳞芽，被黄色短柔毛。奇数羽状复叶，小叶11~17枚，呈不对称的卵状披针形，常镰状弯曲，长9~13cm，下面脉腋簇生毛。雄花柔荑花序3个生于一总梗上。核果状坚果，3~10个集生，长圆形，长4~5cm，有4纵脊，果壳薄，种仁大。花期5月；果期10~11月。

地理分布：原产北美洲，我国于20世纪初引种，北自北京，南至海南岛都有栽培，以长江中下游地区较多。

生长习性：喜光，喜温暖湿润气候，最适生长在年平均温度15~20℃，年降雨量1000~2000mm地区。适生于深厚肥沃的沙壤土，不耐干瘠，耐水湿，对土壤酸碱度适应性较强。深根性，根系发达，根部有菌根共生，寿命长。

种植要点：播种繁殖，一些果用的优良品种则采用嫁接繁殖，砧木为本砧实生苗。

园林用途：树体高大，根深叶茂，树姿雄伟壮丽。在适生地区是优良的行道树和庭荫树，还可植作风景林，也适于河流沿岸、湖泊周围及平原地区“四旁”绿化。材质优，供军工或雕刻用。种仁味美，种仁含油率70%以上，是重要的干果油料树种。

栽植地点：树木园。

◎ 枫杨 *Pterocarya stenoptera*

别　　名：枰柳、燕子树

识别要点：落叶乔木，枝髓片状；裸芽，密生锈褐色腺鳞。小枝、叶柄和叶轴有柔毛。偶数羽状复叶长14~45cm，叶轴有翅；小叶10~28枚，长椭圆形至长椭圆状披针形，有细锯齿，顶生小叶常不发育。果序长20~40cm；果近球形，具2椭圆状披针形果翅。花期4~5月；果期8~9月。

地理分布：华北、华东、华中至华南、西南各省区，在长江流域和淮河流域最为常见。

生长习性：喜光，喜温暖湿润，也能耐寒；耐湿性强；在酸性至微碱性土壤上均可生长。深根性，萌芽力强。抗烟尘和二氧化硫等有毒气体。

种植要点：播种繁殖。

园林用途：枫杨树冠宽广，枝叶茂密，夏秋季节则果序杂悬于枝间，随风而动，颇具野趣。适应性强，可作公路树、行道树和庭荫树之用，庭园中宜植于池畔、堤岸、草地、建筑附近，尤其适于低湿处造景。

栽植地点：树木园。

◎ 化香 *Platycarya strobilacea*

识别要点： 高达20m；树皮灰色，浅纵裂。小枝髓心充实，鳞芽。羽状复叶，小叶卵状披针形或长椭圆状披针形，叶缘有细尖重锯齿，基部歪斜。葇荑花序直立，雄花序3~15个集生，雌花序单生或2~3个集生，有时雌花序位于雄花序下部；无花被。果序卵状椭圆形或长椭圆状圆柱形，长3~4.3cm；苞片披针形。花期5~6月；果期9~10月。

地理分布： 产长江流域至西南、华南，北达山东、河南、陕西，常生于低山丘陵的疏林和灌丛中，为习见树种；日本和朝鲜也产。

生长习性： 喜光，耐干旱瘠薄，为荒山绿化先锋树种；对土壤要求不严，酸性土至钙质土上均可生长。

种植要点： 播种繁殖。

园林用途： 丛植观赏，也用于荒山绿化。可用作嫁接核桃、山核桃和薄壳山核桃的砧木。

栽植地点： 树木园。

◎ 板栗 *Castanea mollissima*

识别要点：树冠扁球形。小枝有灰色绒毛，无顶芽。叶矩圆状椭圆形，叶缘有芒状齿，上面亮绿色，下面被灰白色星状短柔毛。柔荑花序直立，多数雄花生于上部，数朵雌花生于基部。壳斗球形，全包坚果，密被分枝刺，内含1~3个坚果。花期5~6月，果期9~10月。

地理分布：中国特产，华北及长江流域最为集中。除青海、宁夏、新疆、海南外，全国均产。

生长习性：喜光，耐 –30℃低温；耐旱，喜空气干燥；对土壤要求不严，最适于深厚湿润、排水良好的酸性至中性土壤，在 pH 值 7.5 以上的钙质土或含盐量超过 0.2% 的盐碱土以及过于粘重、排水不良的地区生长不良。深根性，根系发达，萌蘖力强。对有毒气体如二氧化硫、氯气抵抗力较强。

种植要点：播种繁殖为主，也可嫁接。

园林用途：树冠宽大，枝叶茂密，可用于草坪、山坡等地孤植、丛植或群植，庭院中以二、三株丛植为宜。板栗是我国栽培最早的干果树种之一，被誉为"铁秆庄稼"，是园林结合生产的优良树种。

栽植地点：北校南门东北侧。树木园。

◎ 麻栎 *Quercus acutissima*

别　　名： 橡子树、柞树

识别要点： 落叶乔木，树皮深纵裂，无弹性；枝有顶芽。单叶互生，长椭圆状披针形，叶缘有刺芒状锐锯齿，下面淡绿色。雄柔荑花序下垂；雌花单生于总苞内，子房3室。壳斗杯状，包围坚果1/2，苞片钻形，反曲，有毛。

地理分布： 麻栎是分布最广的栎类之一，最北界达东北南部，南界为华南、西南。

生长习性： 喜光，对气候、土壤的适应性强，耐-20℃低温。在pH值4~8的酸性、中性及石灰性土壤中均能生长。耐干旱瘠薄，不耐积水。抗污染。深根性，根系发达，抗风力强；不耐移植，萌芽力强。

种植要点： 播种繁殖。种子落地后常很快发芽，在8~9月，当壳斗由绿变黄时，及时采收，可随采随播。或将种子阴干后沙藏至次春播种。小苗主根发达，为促发侧根，可在幼苗长出2~3片真叶后用利铲在主根20cm深处切断。

园林用途： 树冠雄伟，浓荫如盖，秋叶金黄或黄褐色，季相变化明显。园林中可孤植、丛植、或群植，也适于工矿区绿化。是营造防风林、水源涵养林及防火林带的优良树种。壳斗为重要栲胶原料。华北松栎混交林重要树种。

栽植地点： 北校5号楼南。树木园。

◎ 栓皮栎 *Quercus variabilis*

别　　名： 橡子树

识别要点： 与麻栎相似，但树皮的木栓层特别发达，富弹性。叶片背面有灰白色星状毛，老时也不脱落。壳斗包围坚果2/3，坚果近球形或卵形，顶端平圆。

地理分布： 与麻栎近似。

生长习性： 与麻栎近似，但较麻栎耐旱，较耐火。

种植要点： 与麻栎近似。

园林用途： 同麻栎。特用经济树种，栓皮为国防及工业重要材料。

栽植地点： 水土学院。树木园。

◎ 槲树 *Quercus dentata*

别　　名： 波罗栎

识别要点： 落叶乔木；小枝粗壮，有沟棱，密被黄褐色星状绒毛。叶倒卵形至椭圆状倒卵形，长10~30cm，先端钝圆，基部耳形，有4~10对波状裂片或粗齿，下面密被星状绒毛；叶柄长2~5mm，密被棕色绒毛。壳斗杯状，包围坚果1/2~2/3；小苞片长披针形，棕红色，张开或反曲。花期4~5月，果期9月。

地理分布： 东北东南部、华北、西北至长江流域和西南，生于海拔2700m以下山地阳坡或松栎林中。

生长习性： 喜光，稍耐荫；耐寒；耐干旱瘠薄，忌低湿。对土壤要求不严，酸性土和钙质土上均可生长。深根性，萌芽力强。抗烟尘和有毒气体，耐火力强。

种植要点： 播种繁殖。与麻栎近似。

园林用途： 树形奇雅，叶大荫浓，秋叶红艳，是著名的秋色叶树种之一，日本园林中常见应用。可孤植、丛植、群植以赏秋季红叶，也可以作灌木处理，于窗前、中庭孤植一丛，别具风韵。抗烟尘及有害气体，可用于厂矿区绿化。

栽植地点： 树木园。

◎ 蒙古栎 *Quercus mongolica*

识别要点：落叶乔木，高达30m。小枝无毛，具棱。叶倒卵形，长7~19cm，先端钝或短突尖，基部窄耳形，具7~11对圆钝齿或粗齿，下面无毛；侧脉7~11对；叶柄长2~5mm，无毛。雄花柔荑花序；雌花单生于总苞内。壳斗浅碗状，包围坚果1/3~1/2，小苞片鳞形，具瘤状突起。花期5~6月，果期9~10月。

地理分布：东北、内蒙古、河北、山西、山东等地；日本、朝鲜、俄罗斯也有分布。

生长习性：喜光，喜凉爽气候，耐寒性强，可耐-40℃低温，耐干旱瘠薄。

种植要点：播种繁殖。与麻栎近似。

园林用途：为适生地区主要落叶阔叶树种之一。秋叶紫红色，别具风韵，也是优良的秋色叶树种。

栽植地点：树木园。

◎ 锐齿槲栎 *Quercus aliena var. acuteserrata*

识别要点：小枝圆柱形，无毛，芽有灰色毛。叶倒卵状椭圆形，长10~22cm，先端渐尖，基部耳形或圆形；叶缘具粗大锯齿，但齿端尖锐而内曲；侧脉10~14对；背面密生灰白色星状毛；叶柄长1~3cm，无毛。雄花葇荑花序；雌花单生于总苞内。壳斗浅碗状，仅包围坚果1/3，小苞片鳞形。

地理分布：华东、华中、华南及西南各省区。

生长习性：喜光，耐干旱瘠薄，对土壤要求不严，酸性土和钙质土上均可生长。深根性，萌芽力强。抗烟尘和有毒气体。

种植要点：播种繁殖。与麻栎近似。

园林用途：为适生地区主要落叶阔叶树种之一。秋叶紫红色，优良的秋色叶树种。

栽植地点：树木园。

◎ 沼生栎 *Quercus palustris*

识别要点：落叶乔木，高达25m。树皮暗灰褐色，不裂。小枝褐绿色，无毛。叶卵形或椭圆形，长10~20cm，宽7~10cm，顶端渐尖，基部楔形，边缘具5~7深裂，裂片再尖裂，两面无毛。雄花葇荑花序；雌花单生于总苞内。壳斗杯形，包围坚果1/4~1/3；小苞片鳞形，排列紧密；坚果长椭圆形，径1.5cm，长2~2.5cm，淡黄色。

地理分布：原产北美，20世纪初引入青岛，目前青岛有高16m、径40cm的大树，生长良好。

生长习性：喜光，极耐水湿，抗寒性弱。喜温暖、湿润气候及深厚肥沃湿润土壤，不耐钙质土壤。

种植要点：播种繁殖，种子需层积催芽。与麻栎近似。

园林用途：树冠宽大，扁球形，为优良行道树和庭荫树。树干光洁，叶片宽大，叶缘齿裂，叶面光亮，在栎属各种中最具观赏价值。是华北地区河、湖、湿地的良好绿化树种。

栽植地点：树木园。

◎ 鹅耳枥 *Carpinus turczaninowii*

识别要点：落叶小乔木，常丛生状。树皮灰褐色，平滑，老时浅裂。干皮灰褐色，浅纵裂。枝叶形态近似白榆。冬芽亮红褐色，大而明显。叶卵形，薄纸质，基部宽楔形，叶背及脉腋间有毛，侧脉8~12对，缘具重锯齿。雄花葇荑花序，雌花单生苞腋，无花被。果序长3~5cm，果苞薄革质，有缺刻，排列较疏松；小坚果不被内折裂片所覆盖。

地理分布：产东北南部和黄河流域等地，常生于山坡杂木林中。

生长习性：稍耐荫，喜肥沃湿润的中性至酸性土壤，也耐干旱瘠薄，在干旱阳坡、湿润沟谷和林下均能生长。萌芽力强。

种植要点：播种或分株繁殖。

园林用途：树形不甚整齐，自然而颇有潇洒之姿，叶形秀丽雅致，秋季果穗婉垂也颇优美。树体不甚高大，最宜于公园草坪、水边丛植，均疏影横斜，颇富野趣，也极适于小型庭院堂前、石际、亭旁各处造景，孤植、丛植均可。在北方，鹅耳枥也是常见的树桩盆景材料。

栽植地点：树木园。

◎ 榛子 *Corylus heterophylla*

识别要点：灌木或小乔木；常丛生。叶片圆卵形或宽倒卵形，先端近平截而有3突尖，基部心形，边缘有不规则重锯齿。雄花序2~7条排成总状，侧生下垂；雌花无梗，1~6朵簇生枝端。果苞钟状，密被细毛；坚果近球形，长7~15mm。花期4~5月；果期9月。

地理分布：产东北、华北和西北等地；俄罗斯、朝鲜和日本也产。

生长习性：喜光，也稍耐荫；极耐寒，可耐-45℃低温；耐干旱瘠薄；萌芽力强，萌蘖性强。在土层深厚、肥沃、排水良好的中性和微酸性山地棕色森林土上生长良好。

种植要点：播种繁殖。植株基部萌蘖颇多，也可分株繁殖。

园林用途：榛子是北方著名的油料和干果树种、木本粮食。株形丛生而自然，叶形奇特，可配植于自然式园林的山坡、山石旁或疏林下，也可植为绿篱。还是北方山区重要的绿化和水土保持灌木。

栽植地点：林学实验站。树木园。

◎ 紫椴 *Tilia amurensis*

识别要点：树高达30m。树皮浅纵裂，呈片状脱落；小枝呈“之”字形曲折。叶近圆形，先端尾尖，基部心形，具细锯齿，上面无毛，下面脉腋有黄褐色簇生毛。花序有花3~20朵，黄白色，无退化雄蕊。坚果近球形，密被灰褐色星状毛。花期6~7月，果期8~9月。

地理分布：东北及山东、河北。泰山有古树。

生长习性：喜光，也耐荫，喜冷凉湿润气候，耐寒性强，不耐夏季高温；对土壤要求不严，微酸性、中性和石灰性土壤均可，但在干瘠和盐碱地上生长不良。深根性，萌蘖性强。

种植要点：播种、分蘖繁殖，种子层积催芽。夏季幼苗需遮荫。

园林用途：树体高大，树姿优美，夏季黄花满树，秋季叶色变黄，花序梗上的舌状苞片奇特美观，是优良的行道树和绿荫树。著名的蜜源植物。花入药。

栽植地点：北校3号楼前。树木园。

◎ 蒙古椴 *Tilia mongolica*

识别要点：落叶乔木，高6~8m。叶三角状卵形，先端常3裂，尾状尖，基部心形或截形，有不整齐粗锯齿。花序有花6~12朵；花瓣和退化雄蕊均黄色，退化雄蕊5枚，较花瓣为小。果密被短绒毛。花期7月，果期9月。

地理分布：内蒙古、辽宁、河北、河南、山西等地。

生长习性：喜生于肥沃、湿润、疏松的土壤，较耐荫。

种植要点：播种、分蘖繁殖。

园林用途：树体较矮小，适宜于庭院丛植或作园路树。

栽植地点：北校3号楼前。树木园。

◎ 糠椴 *Tilia mandshurica*

识别要点： 一年生枝黄绿色，密生灰白色星状毛。叶卵圆形，长8~10cm，宽7~9cm，先端短尖，基部歪心形或斜截形，有粗大锯齿，齿尖芒状，长1.5~2mm；表面近无毛，背面密生灰色星状毛。花序由7~12朵花组成，花序、花萼、苞片均密生灰白色星状毛；花黄色，有香气，花瓣条形，长7~8mm；退化雄蕊花瓣状。果实近球形，径7~9mm，密生黄褐色星状毛。花期7~8月；果期9~10月。

地理分布： 东北和内蒙古、河北、山东、河南等地，泰山有古树。

生长习性： 喜光，也耐荫；喜冷凉湿润气候，不耐夏季高温，耐寒性强；对土壤要求不严，微酸性、中性和石灰性土壤均可，但在干瘠和盐碱地上生长不良。深根性，萌蘖性强。

种植要点： 播种、分蘖或压条繁殖。种子后熟期长，需层积催芽2~3年。

园林用途： 树冠整齐，树姿清丽，枝叶茂密，夏日满树繁花，花黄色而芳香，是优良的行道树和庭荫树。椴树是世界五大行道树之一。

栽植地点： 树木园。

◎ 光叶糯米椴 *Tilia henryana var. subglabra*

识别要点：落叶乔木，高达15m；嫩枝和顶芽均无毛或几无毛。叶圆形，长6~10cm，宽6~10cm，先端宽而圆，有短尾尖，基部心形；侧脉5~6对，边缘有芒状锯齿。叶下面除脉腋有毛丛外其余无毛。聚伞花序长10~12cm，有花30~100朵；退化雄蕊花瓣状。苞片仅下面有稀疏星状柔毛。花期6月；果期9~10月。

地理分布：产江苏、浙江、江西、安徽。

生长习性：喜光，喜温暖湿润气候，喜深厚、肥沃、湿润的土壤。深根性，抗风强；抗污染，寿命长。

种植要点：播种繁殖，种子层积催芽。

园林用途：树冠整齐，枝叶茂密，夏日满树繁花，花黄色而芳香，是优良的行道树和庭荫树。蜜源植物。

栽植地点：树木园。

◎ 欧洲椴 *Tilia platyphyllus*

识别要点：落叶大乔木，高达40m。叶广卵形或近圆形，长5~12cm，宽4~12cm；基部斜心形，先端短突尖，边缘锯齿较整齐，背面沿脉密生短毛，脉腋有淡褐色簇毛；5~7出脉。聚伞花序3~9多花或更多，苞片广倒披针形，长约10cm，宽达2cm；花瓣淡黄色，倒卵形。坚果球形，长约1cm，径约7mm，具明显4~5肋，密被带淡灰褐色的短绒毛。花期6~7月，果熟期9月。

地理分布：原产欧洲。华北、华东等地栽培。

生长习性：喜冷凉湿润气候，不耐夏季高温，耐寒性强；对土壤要求不严。深根性，萌蘖性强。

种植要点：播种繁殖，种子层积催芽。

园林用途：树冠整齐，枝叶茂密，夏日满树繁花，花黄色而芳香，是优良的行道树和庭荫树。蜜源植物。

栽植地点：树木园。

◎ 扁担杆 *Grewia biloba*

别　　名：娃娃拳

识别要点：落叶灌木。小枝被粗毛。叶柄、叶两面密生星状毛，叶柄顶端常膨大；叶菱状卵形，长4~9cm，先端渐尖，基部圆形或阔楔形，锯齿不规则，基出3脉。聚伞花序与叶对生，有花3~8朵；花淡黄绿色，径不足1cm；萼片外被星状毛，内面无毛；子房有毛。核果橙黄色或红色，2~4分核。花期6～7月，果期8～10月。

地理分布：华北、华东以至东北各处山地均有野生。

生长习性：喜光，稍耐荫，抗旱力特强，对土壤要求不严。

种植要点：播种或分株繁殖。

园林用途：果实橙红鲜艳，可宿存枝头数月，为良好观花、观果灌木，适于庭园、风景区丛植。果枝可瓶插。

栽植地点：树木园。

◎ 梧桐 *Firmiana simplex*

别　　名： 青桐

识别要点： 落叶乔木，树干绿色，平滑不裂。顶芽发达。单叶互生，掌状3~5裂，裂片全缘，基部心形。顶生圆锥花序，萼5深裂，裂片长条形，花瓣状；无花瓣。蓇葖果5裂，果瓣匙形。花期6月，果期9～10月。

地理分布： 原产我国及日本，黄河流域以南至华南、西南，长江流域为多。

生长习性： 喜光，喜温暖气候及土层深厚、肥沃、湿润、排水良好、含钙丰富的土壤。深根性，不耐涝；萌芽力弱，不耐修剪。春季萌芽晚，秋季落叶早，故有“梧桐一叶落，天下尽知秋”之说。对多种有毒气体都有较强抗性。

种植要点： 播种繁殖，也可扦插、分根。种子应层积催芽。

园林用途： 树干端直，干枝青翠，绿荫深浓，叶大而形美，且秋季转为金黄色，洁静可爱。为优美的庭荫树和行道树，于草地、庭院孤植或丛植均相宜。与棕榈、竹子、芭蕉等配植，点缀假山石园景，协调古雅。民间有“凤凰非梧桐不栖”之说，因此庭院中广为应用，“栽下梧桐树，引来金凤凰”即为此树。

栽植地点： 北校。南校。东校校园。

◎ 木槿 *Hibiscus syriacus*

识别要点：落叶灌木或小乔木；小枝幼时密被绒毛，后脱落。叶菱状卵形，常3裂，三出脉，有钝齿。花两性，萼5，常具副萼；花瓣5，紫色、白色或红色，单瓣或重瓣；雄蕊多数，花丝合生成筒状。蒴果卵圆形，密生星状绒毛；种子肾形，有黄褐色毛。花期6~9月；果熟期9~10月。

地理分布：东北南部至华南、西南。

生长习性：喜光，稍耐荫；喜温暖湿润，耐寒性颇强；耐干旱瘠薄，不耐积水。生长迅速，萌芽力强，耐修剪。抗污染，对二氧化硫、氯气、烟尘抗性均强。

种植要点：播种、扦插、压条繁殖。扦插易生根。

园林用途：夏秋开花，花期长而花朵大，是优良的花灌木。园林中宜作花篱，或丛植于草坪、林缘、池畔、庭院各处。抗污染，可用于工矿区绿化，并常植于城市街道的分车带中。

栽植地点：北校，南校，东校，树木园。

◎ 毛叶山桐子 *Idesia polycarpa var.vestita*

识别要点：落叶乔木，高8~15m，树冠球形；树皮灰色，光滑不裂；枝条近轮生，小枝纤细。叶互生，卵圆形，基部心形，疏生锯齿，叶片上面散生黄褐色毛，下面密生白色短柔毛；叶柄有2~4个紫色扁平腺体。圆锥花序下垂，长达20~25cm；黄绿色，芳香。浆果球形，红色或红褐色，径7~8mm。果序圆锥状，大型。花期5~6月；果期9~10月。

地理分布：秦岭、大别山、伏牛山以南各地。在北京、山东等地均生长良好。

生长习性：喜光，喜温暖湿润气候和深厚肥沃的砂质壤土。耐寒、抗旱，在轻盐碱土上可生长良好。适应性强，速生树种。

种植要点：播种繁殖。

园林用途：树形开展，春季繁花满树，芬芳扑鼻，入秋红果累累，挂满枝头，入冬不落，是优良的观果树种。而且秋叶经霜也变为黄色，十分美观。宜丛植于庭院房前、草地，也可列植于道路两侧。是良好的绿化和观赏树种。常作为庭荫树、行道树应用。种子含油率高，可代桐油，故称山桐子。

栽植地点：北校3号楼南。北校教工住宅区2号楼西侧。

◎ 山拐枣 *Poliothyrsis sinensis*

识别要点：落叶乔木，树皮灰褐色，浅裂；小枝圆柱形，灰白色，幼时有短柔毛。单叶对生，卵形至卵状披针形，先端渐尖，基部圆形或心形，有2~4个腺体，边缘有浅钝齿，上面深绿色，下面淡绿色，掌状脉3出，中脉在上面凹，在下面突起。花单性，雌雄同序；圆锥花序顶生；蒴果3裂，外果皮革质，有灰色毡毛。花期5月，果期8~9月。

地理分布：产陕西和甘肃两省南部及河南、湖北、湖南、江西、安徽、浙江、江苏、福建、广东、贵州、云南、四川。

生长习性：喜光，喜温暖湿润气候；对土壤要求不严，喜深厚肥沃土壤。耐寒、抗旱，适应性强。

种植要点：播种繁殖。

园林用途：花多而芳香，绿化树种。为蜜源植物。

栽植地点：树木园。

◎ 柽柳 *Tamarix chinensis*

识别要点：树高达7m，树冠圆球形，树皮红褐色。小枝细长下垂，红褐色。叶鳞形，长1~3mm，先端渐尖。总状花序集生为圆锥状复花序，多柔弱下垂；花粉红或紫红色；雄蕊5；柱头3裂。果3裂，长3~3.5mm。花期春、夏季，有时1年3次开花，果期10月。

地理分布：分布广，主产东北南部、海河流域、黄河中下游至淮河流域。

生长习性：喜光，耐寒，耐热；耐干旱，亦耐水湿；耐盐碱，叶能分泌盐分。带根苗木能在含盐量0.8%的盐碱地上生长，大树在含盐量1%的重盐碱地上生长良好，并有降低土壤盐分的效能。深根性，萌芽力和萌蘖力均强，生长迅速。

种植要点：扦插繁殖，也可分株、压条和播种。

园林用途：柽柳古干柔枝，婀娜多姿，紫穗红樱，艳艳灼灼，花期甚长，略具香气；叶经秋尽红，更加可爱，是优美的园林观赏树种。适于池畔、堤岸、山坡丛植，也可植为绿篱，尤其是在盐碱和沙漠地区，更是重要的观赏花木。此外，柽柳也是重要的防风固沙材料和盐碱地改良树种。老桩可作盆景，枝条可编筐。嫩枝、叶药用。

栽植地点：树木园。

◎ 毛白杨 *Populus tomentosa*

识别要点： 树皮灰绿色至灰白色，皮孔菱形。芽略有绒毛。长枝之叶三角状卵形，下面密生白绒毛，短枝之叶三角状卵圆形，无毛；叶缘有波状缺刻或锯齿；叶柄上部扁平，顶端常有 2~4腺体。蒴果2裂；种子细小，有长丝状毛。花期2～3月，叶前开花；果熟4～5月。

地理分布： 中国特产，主要分布于黄河流域，辽宁南部也有。

生长习性： 阳性树；对土壤要求不严，在酸性土至碱性土上均能生长；稍耐盐碱，土壤含盐量为0.3%时成活率可达70%，在pH值8~8.5时能够生长；耐旱性一般，在特别干瘠或低洼积水处生长不良。寿命长达200年以上。抗烟尘污染。

种植要点： 埋条、扦插、嫁接和分蘖繁殖，嫁接常用扦插易生根的欧美杨及各种杂交杨为砧木，成活率90%以上。

园林用途： 树干通直，树皮灰白，树体高大雄伟，叶片在微风吹拂时能发出欢快的响声，给人以豪爽之感。可作庭荫树或行道树，因树体高大，尤其适于孤植或丛植于大草坪上，或列植于广场、主干道两侧。为防止种子污染环境，绿化宜选用雄株。

栽植地点： 北校南门东侧。南校生活桥西端北侧。东校校园。

◎ 响毛杨 *Populus pseudo-tomentosa*

识别要点：落叶乔木，树皮灰白色，平滑，老干基部开裂。小枝紫褐色，光滑；芽卵形，先端急尖，富含树脂，有光泽，黄褐色。长枝叶下面及叶柄均密被白绒毛；短枝叶卵圆形，长达9cm，光滑，边缘有整齐的波状粗齿和浅细锯齿，先端急尖，基部心形，通常有2明显腺体。本种可能为毛白杨和响叶杨的天然杂交种。

地理分布：河南、山西。

生长习性：同毛白杨。

种植要点：同毛白杨。

园林用途：同毛白杨。

栽植地点: 树木园大门内侧。

◎ 加拿大杨 *Populus × canadensis*

别　　名：加杨

识别要点：树皮深纵裂。小枝在叶柄下具3条棱脊，无毛；冬芽多粘质；叶近三角形，先端渐尖，基部截形，叶缘半透明，两面无毛；叶柄扁平，有时顶端有1~2个腺体。花药紫红色。花期 4月；果熟期5～6月。

地理分布：本种系美洲黑杨（P. deltoides ）与欧洲黑杨（P. nigra ）的杂交种，品种繁多，广植于北半球温带。我国19世纪中叶引入，普遍栽培，尤以华北、东北及长江流域为多。

生长习性：耐寒，也能适应暖热气候；喜光，不耐荫；对土壤要求不严，对水涝、盐碱和瘠薄土地均有一定的耐性。抗污染，对二氧化硫抗性强，并有吸收能力。萌芽力、萌蘖力均较强。速生，寿命短。雄株较多，雌株少见。

种植要点：扦插繁殖。

园林用途：树体高大，树冠宽阔；叶片大而具光泽，夏季绿荫浓密；是优良的庭荫树、行道树、公路树及防护林材料。

栽植地点：北校南门周边，图书馆南侧。水土学院为雌株。南校办公楼前为雄株。

◎ 旱柳 *Salix matsudana*

别　　名：柳树

识别要点：乔木，树冠倒卵形。枝条直伸或斜展，嫩枝有毛后脱落，淡黄色或绿色，后变褐色。叶披针形，叶缘有细锯齿，背面微被白粉。雄蕊2，花丝分离，基部有长柔毛；雌花子房背腹面各具1个腺体。花期4月；果熟期4～5月。

地理分布：我国广布种，黄河流域为分布中心，南至淮河流域和江浙，西至甘肃和青海，是北方平原地区常见的乡土树种之一。日本、朝鲜、俄罗斯也有分布。

生长习性：喜光，不耐庇荫；耐寒；在干瘠沙地、低湿河滩和弱盐碱地上均能生长，以深厚肥沃、湿润的土壤最为适宜，在粘重土壤及重盐碱地上生长不良。耐干旱和耐水湿的能力都很强。

种植要点：扦插繁殖，也可播种。

园林用途：树冠丰满，发叶早、落叶迟，是我国北方常用的庭荫树和行道树，也常用作公路树、防护林及沙荒地造林、农村“四旁”绿化。

栽植地点：北校南门东侧。南校西南门东侧，实验楼周边。

◎ 垂柳 *Salix babylonica*

识别要点： 树冠倒广卵形。小枝细长下垂，淡黄褐色或带紫色。叶条状披针形。雄蕊2，花丝分离，花药黄色，腺体2；子房仅腹面具1腺体，背面无腺体。花期4月；果熟期4～5月。

地理分布： 长江流域与黄河流域。

生长习性： 喜光，较耐寒；对土壤要求不严，最适于湿润的酸性至中性土壤上生长，但也能生于高燥之地。耐干旱能力较旱柳稍差，特耐水湿；根系发达，萌芽力强。抗有毒气体，并能吸收二氧化硫。

种植要点： 扦插繁殖，也可嫁接。

园林用途： 枝条细长，随风飘舞，姿态优美潇洒，早春金黄，自古以来深受我国人民喜爱。最宜配植在水边，如桥头、池畔、河流、湖泊沿岸等处，纤条拂水，别有风致。与桃花间植可形成桃红柳绿之景，是江南园林春景的特色配植方式之一。也可作庭荫树、行道树、公路树。还是固堤护岸的重要树种。

栽植地点： 东校。南校。北校体育场北侧。

◎ 金丝柳 *Salix* ‘Tristis’

别　　名：金丝垂柳

识别要点：枝条细长下垂。小枝黄色或金黄色。叶狭长披针形，有细锯齿。生长季节枝条为黄绿色，落叶后至早春为黄色，霜冻后颜色尤为鲜艳。幼年树皮黄色或黄绿色。花期4月。

地理分布：原产东北、华北、西北。

生长习性：与旱柳近似。

种植要点：扦插繁殖，也可嫁接。

园林用途：金丝垂柳全部为雄树，春季无飞絮，洁净卫生，没有环境污染。枝条自然下垂，树形优美，冬季满树金黄色的枝条如同一条条黄色丝绦，明媚耀眼，春季黄色枝条与绿色新芽交相辉映，美丽异常，是近年颇受业界欢迎的新型园林观赏树种，适合种植于河岸、池边、湖畔、路旁、庭院等处，也可作为行道树和湖泊固堤树种。夏秋季节则浓荫蔽日，满眼青翠，令人陶醉。

栽植地点：南校梳洗河两岸、学生生活区。

◎ 君迁子 *Diospyros lotus*

别　　名：软枣、黑枣

识别要点：树皮裂块较大；冬芽先端尖。叶长椭圆形，表面深绿色，质地较柿树为薄，下面被灰色柔毛。浆果较小，长椭圆形或球形，长1.5~2cm，直径约1.2~1.5cm，成熟前黄色，熟后蓝黑色，外面有蜡质白粉。花期4月；果熟期10月。

地理分布：我国南北均有分布。

生长习性：性强健。喜光，耐半荫；耐干旱瘠薄和耐寒能力强于柿树，稍耐盐碱，较耐水湿。深根性，侧根发达。

种植要点：播种繁殖。

园林用途：可作庭荫树或行道树，也是嫁接柿树最常用的砧木。

栽植地点：北校8号楼北侧，5号楼西侧，图书馆前。南校体育馆西南侧。

◎ 柿 *Diospyros kaki*

识别要点：树皮裂块较小；冬芽先端钝。叶宽椭圆形至卵状椭圆形，近革质，上面深绿色，有光泽，下面密被黄褐色柔毛。花冠钟状，黄白色。浆果卵圆形或扁球形，长4~6cm，直径约4~8cm，橙黄色或鲜黄色；萼宿存。花期4月；果熟期10月。

地理分布：辽宁西部、黄河流域至华南、西南、台湾。

生长习性：性强健，较耐寒，在-20℃以上的北纬40°以南地区均可栽培。喜光，略耐庇荫；对土壤要求不严，在山地、平原、微酸性至微碱性土壤上均能生长。较耐干旱。对二氧化硫等有毒气体有较强的抗性。

种植要点：嫁接繁殖，用君迁子作砧木，南方还可用野柿或油柿。

园林用途：树冠广展如伞，叶大荫浓，秋日叶色转红，丹实似火，悬于绿荫丛中，至11月落叶后还高挂树上，极为美观。是观叶、观果和结合生产的重要树种。可用于厂矿绿化，也是优良行道树。

栽植地点：北校。南校牡丹园，体育馆西南侧，校门北侧绿地。

◎ 老鸦柿 *Diospyros rhombifolia*

识别要点：落叶灌木，高2~3m；枝有刺，幼枝有柔毛。叶纸质，菱状倒卵形至卵状菱形，长4~4.5cm，宽2~3cm，基部楔形；浆果长卵球形，径约2cm，顶端有长尖，宿存萼片增大而革质，长宽约2cm。

地理分布：江苏、安徽、浙江、江西、福建等地。

生长习性：喜光，喜温暖湿润气候，耐寒性强。喜深厚肥沃排水良好的土壤，也耐干瘠。生于向阳山坡灌丛中、疏林下、丘陵地、村边路旁、山谷沟旁。

种植要点：播种、嫁接繁殖。大苗要带土球移栽。因老鸦柿根含单宁，受伤后较难愈合，移栽后恢复慢，故不宜多次移植。管理中要适当整形修剪。

园林用途：老鸦柿是秋、冬季观果优良树种，宜配植在亭台阶前、庭园角落或树丛边缘。若对植于进门入口、漏窗笔壁，并与多种不同颜色的观果树搭配，上下衬以常绿树，则可形成四季皆果、颜色富丽的佳景。优良盆景材料。

栽植地点：树木园。北校5号教学楼内庭院。

◎ 海桐 *Pittosporum tobira*

识别要点：常绿灌木。树冠圆球形，浓密。小枝及叶集生于枝顶。叶倒卵状椭圆形，长5~12cm，先端圆钝或微凹，基部楔形，边缘反卷，全缘，两面无毛。伞房花序顶生，花白色或黄绿色，径约1cm，芳香。蒴果卵球形，长1~1.5cm，3瓣裂；种子鲜红色，有粘液。花期5月，果期10月。

地理分布：产中国东南沿海和日本、朝鲜。山东可露地越冬。

生长习性：喜光，略耐半荫；喜温暖气候和肥沃湿润土壤；稍耐寒。对土壤要求不严，在pH值5~8之间均可，粘土、沙土和轻度盐碱土均能适应，不耐水湿。萌芽力强，耐修剪。抗海风，抗二氧化硫等有毒气体。

种植要点：播种或扦插繁殖。

园林用途：枝叶茂密，叶色浓绿而有光泽，经冬不凋，初夏繁花如雪，入秋果实变黄，红色种子宛如红花，是园林中常用的观赏树种。常用作绿篱和基础种植材料，可修剪成球形用于园林点缀，孤植、丛植于草坪边缘，或对植于入口处、列植于路旁、台坡。

栽植地点：北校水土学院。林学实验站。树木园。

◎ 山梅花 *Philadelphus incanus*

识别要点：落叶灌木，树皮褐色，薄片状剥落。枝条粗而开张，幼时密生柔毛，后渐脱落。叶对生，三出脉；叶片卵形或卵状长椭圆形，长6~12cm，花枝上的叶较小，有细锯齿；表面疏生、背面密生柔毛。总状花序有花5~7朵；花白色，径约2.5~3cm，无香味；萼片有柔毛，萼片4，花瓣4；雄蕊多数；子房4。蒴果倒卵形。花期5~6月；果期7~9月。

地理分布：我国中部和西部，常生于山地灌丛中。

生长习性：喜光，稍耐荫，较耐寒；耐旱，怕水湿，不择土壤，最宜湿润肥沃而排水良好的壤土。性强健，萌芽力强，生长迅速。

种植要点：播种、分株、压条、扦插繁殖均可，以分株应用较多。

园林用途：花朵洁白如雪，花期长，且盛开于初夏，可作庭院和风景区绿化材料。

栽植地点：树木园。

◎ 太平花 *Philadelphus pekinensis*

识别要点：与山梅花相近，但枝条较细，小枝通常紫褐色，无毛；叶片两面无毛或下面脉腋有簇毛，叶缘有疏齿，叶柄带紫色；花多少带乳黄色，微有香气，花萼外面、花梗及花柱均无毛，花柱与雄蕊等长，合生。花期5~6月；果期7~9月。

地理分布：产中国北部及西部，朝鲜也有分布。

生长习性：喜光，也耐荫，较耐寒；耐旱，对土壤要求不严。萌芽力强，生长快。

种植要点：播种、分株、压条、扦插繁殖均可，以分株为主。

园林用途：同山梅花。

栽植地点：树木园。

◎ 溲疏（齿叶溲疏）*Deutzia crenata*

识别要点：落叶灌木，树皮薄片状剥落。小枝红褐色，中空，幼时有星状柔毛。叶对生，羽状脉；叶片卵形至卵状披针形，长3~8cm，叶缘有不明显的小尖齿，两面被星状毛，粗糙。圆锥花序直立，萼片5，花瓣5，雄蕊10；萼密被锈褐色星状毛；花白色或外面略带红晕。蒴果近球形，长约5mm。花期5~6月，果期10~11月。

地理分布：原产日本，长江流域有栽培或逸为野生。

生长习性：喜光，稍耐荫，喜温暖湿润的气候，喜富含腐殖质的微酸性和中性壤土。萌芽力强，耐修剪。

种植要点：扦插、分株、压条或播种繁殖。

园林用途：花朵洁白，初夏盛开，繁密而素净，是普遍栽培的优良花灌木。宜丛植于草坪、林缘、山坡，也是花篱和岩石园材料。花枝可供切花瓶插。根、叶、果可药用。

栽植地点：树木园。

◎ 绣球 *Hydrangea macrophylla*

识别要点：落叶灌木，树冠球形。小枝粗壮，无毛，皮孔明显；髓心大，白色。叶对生，羽状脉；叶片倒卵形至椭圆形，长7~20cm，有光泽，两面无毛，有粗锯齿，叶柄粗壮。伞房花序近球形，径达20cm，几乎全为不育花；扩大之萼片4，卵圆形，全缘，粉红色、蓝色或白色，极美丽。花期6~8月。

地理分布：产长江流域至华南、西南，北达河南。长江以南各地庭园中常见栽培，华北南部可露地越冬。

生长习性：喜荫，喜温暖湿润气候；适生于湿润肥沃、排水良好而富含腐殖质的酸性土壤。萌蘖力和萌芽力强。抗二氧化硫等多种有毒气体。花色因土壤酸碱度的变化而变化，一般pH4~6时为蓝色，pH7以上为红色。

种植要点：扦插、压条或分株繁殖。

园林用途：生长茂盛，花序大而美丽，花色多变，或蓝或白或红，耐荫性强。适于配植在林下、水边、建筑物阴面、窗前、假山、山坡、草地等各处，宜丛植。也是优良的花篱材料，常于路边列植。亦为盆栽佳品。

栽植地点：树木园。

◎ 香茶藨 *Ribes odoratum*

识别要点： 落叶灌木，叶互生，羽状脉；叶片倒卵形，3~5裂，有粗齿，背面有短柔毛。总状花序具花5~10朵，花序轴密生柔毛，苞片卵形、叶状；花两性，黄色，萼筒细长，萼裂片黄色，花瓣小，浅红色，长仅为萼片之半。浆果球形，黄色或黑色。花期4~5月，果期7~8月。

地理分布： 原产北美。东北、华北、西南、湖北、陕西等地有栽培。

生长习性： 适应性强，喜光，也稍耐荫，耐寒性强，对土壤要求不严，耐盐碱；萌蘖性强，耐修剪。

种植要点： 播种和分株繁殖。

园林用途： 花朵繁密，颇似丁香，黄色或红色、芳香，果实黄色，是花果兼赏的花灌木，适于庭院、山石、坡地、林缘丛植。果可食。

栽植地点： 北校3号楼南侧，8号楼北侧。

左香茶藨，右华茶藨

◎ 华茶藨 *Ribes fasciculatum var.chinense*

识别要点：花单性，雌雄异株，雄花4~9朵，雌花2~4朵，呈伞形簇生于叶腋；浆果球形，红色。
地理分布：产东北南部至长江流域。
生长习性：常生于山坡林下，耐荫性较强。
种植要点：播种和分株繁殖。
园林用途：花朵繁密，黄色或红色、芳香，果实黄色，是花果兼赏的花灌木。
栽植地点：北校8号楼北侧。林学实验站。

◎ 李叶绣线菊 *Spiraea prunifolia*

别　　名：笑靥花

识别要点：落叶灌木。小枝细长，红褐色，有棱，嫩枝密被毛。单叶互生，卵形至椭圆状披针形，叶缘中部以上有细锯齿，叶背密生短毛。花白色，重瓣；伞形花序无总梗，有花5~6朵，花序基部具叶状苞片；花梗细长，先花后叶；花后多不结果。花期4月。

地理分布：华北、华东、华中及西南。

生长习性：喜光也稍耐荫，抗寒，耐旱，对土壤要求不严，以深厚肥沃的砂质壤土生长最为适宜。萌蘖力和萌芽力均强，耐修剪。

种植要点：扦插或分株繁殖。

园林用途：花洁白似雪，花姿圆润，花序密集，如笑颜初靥，极具观赏价值。可丛植于池畔、山坡、路旁、崖边，片植于草坪、建筑物角隅。老桩是制作树桩盆景的优良材料。

栽植地点：树木园。

◎ 珍珠绣线菊 *Spiraea thunbergii*

别　　名： 珍珠花

识别要点： 落叶灌木。枝细长开展，常呈弧形弯曲。单叶互生，条状披针形，长2~4cm，宽5~7mm，先端长渐尖，基部狭楔形，有尖锐锯齿，两面无毛。伞形花序无总梗，有花3~6朵，基部丛生数枚叶状苞片；花白色，单瓣，5基数。蓇葖果，开张，无毛。花期3~4月；果期7~8月。

地理分布： 产华东，河南、辽宁、黑龙江等地有栽培。

生长习性： 喜光，喜湿润和排水良好的土壤。

种植要点： 播种、扦插或分株繁殖。

园林用途： 叶形似柳，花白如雪，俗称"雪柳"，秋叶橘红色，甚美观，可丛植于草坪角隅或路边。根药用。

栽植地点： 树木园。

◎ 三裂绣线菊 *Spiraea trilobata*

别　　名：三桠绣线菊

识别要点：落叶灌木。小枝细瘦，开展，稍呈之字形弯曲，褐色，无毛。叶近圆形，先端常3裂，中部以上具少数圆钝锯齿，下面苍绿色，具3～5脉。花白色，5基数，15～30朵组成伞形总状花序，有总梗。花期5～6月。

地理分布：主产东北、西北、华北和华东等地，各地常见栽培。

生长习性：喜光，稍耐荫。耐寒，耐干旱，常生于半阴坡岩石缝隙间、林间空地、杂木林内或灌丛中。性强健，生长迅速。

种植要点：播种、扦插或分株繁殖。

园林用途：同李叶绣线菊。

栽植地点：南校综合楼南侧绿地。树木园。

◎ 麻叶绣线菊 *Spiraea cantoniensis*

识别要点：落叶灌木，小枝纤细拱曲，无毛。叶菱状披针形至菱状椭圆形，先端急尖，基部楔形，叶缘自中部以上有缺刻状锯齿，两面光滑，叶下面青蓝色。伞形总状花序，有总梗，生于侧枝顶端，下部有叶，花白色，5基数。蓇葖果直立，开张。花期4～5月。

地理分布：华南、华东、华中、华北、西南。

生长习性：喜光，喜温暖湿润，稍耐寒，对土壤要求不严。生长健壮。

种植要点：播种、扦插或分株繁殖。

园林用途：着花繁密，盛开时节，枝条全为细巧的白花覆盖，形成一条条拱形花带，洁白可爱。可成片、成丛配植于草坪、路边、花坛、花径或庭园一隅，亦可点缀于池畔、山石之边。

栽植地点：北校3号楼南。水土学院。树木园。

◎ 白鹃梅 *Exochorda racemosa*

识别要点： 灌木，全株无毛。小枝微具棱。单叶互生，椭圆形至倒卵状椭圆形，长3.5~6.5cm，全缘或上部有浅钝疏齿，下面苍绿色。花白色，花径4cm，花瓣基部具短爪；雄蕊15~20，3~4枚一束着生花盘边缘，并与花瓣对生。蒴果倒卵形。花期4~5月，果期9月。

地理分布： 产长江流域，多生于海拔500m以下的低山灌丛中；各地常见栽培。

生长习性： 喜光，也耐半荫；喜肥沃、深厚土壤，也耐干旱瘠薄；耐寒性颇强，可在黄河流域露地生长。性强健，生长快。

种植要点： 分株、扦插或播种繁殖，扦插采用嫩枝成活率较高。

园林用途： 树形自然，富野趣，花期谷雨前后，花朵大而繁密，满树洁白，是一美丽的观赏花木，宜于草地、林缘、窗前、亭台附近孤植或丛植，或于山坡大面积群植，也可作基础种植材料。

栽植地点： 北校4号楼周边。树木园。

◎ 华北珍珠梅 *Sorbaria kirilowii*

识别要点：落叶灌木，小枝绿色。奇数羽状复叶，互生，小叶卵状披针形，具尖锐重锯齿，侧脉15~23对，在上面下陷。圆锥花序长15~20cm，花萼5，花瓣5，雄蕊20，与花瓣近等长。蓇葖果长圆形，5枚。花期6～8月，果期9～10月。

地理分布：华北、西北及陕西。

生长习性：耐荫性强，耐寒，不择土壤。萌蘖性强，耐修剪。生长迅速。

种植要点：播种、扦插及分株繁殖。

园林用途：花叶清秀，花期极长而且正值盛夏，是很好的庭院观赏花木，适植于草坪边缘、水边、房前、路旁，常孤植或丛植，也可植为自然式绿篱；因耐荫，可用于背阴处。叶片能散发挥发性的植物杀菌素，对金黄葡萄球菌、结核杆菌的杀菌效果好，适合在结核病院、疗养院周围广泛种植。

栽植地点：北校3号楼南。树木园。

◎ 多花蔷薇 *Rosa multiflora*

别　　名：野蔷薇

识别要点：藤本，茎枝攀援。小枝有短粗而稍弯的皮刺。小叶5~9枚，叶柄及叶轴常有腺毛；托叶边缘篦齿状，有腺毛。圆锥状伞房花序，花白色或略带粉晕，花柱连合成柱状，伸出花托外；萼片有毛，花后反折。蔷薇果近球形，径约6~8mm，红褐色。花期4~5月。

地理分布：华北、华东、华中、华南及西南。

生长习性：喜光，耐寒、耐旱、耐水湿。对土壤要求不严，在粘重土壤中也可生长。

种植要点：多用扦插繁殖，也可播种、嫁接、压条、分株。

园林用途：花色丰富，有白、粉红、玫瑰红和深红等色，是优良的垂直绿化材料。最适于篱垣式和棚架式造景，花开时节可形成花墙、花棚，经人工牵引、绑扎，使其沿灯柱或专设的立柱攀援而上，可形成花柱。也可用于假山、坡地，或沿台坡边缘列植，使其细长的枝条下垂。将花色不同的蔷薇品种配植在一起可相互衬托或对比，形成“疏密浅深相间”的效果。

栽植地点：北校4号楼南侧，北校南墙围篱。南校东墙围篱。东校读书园内。

◎ 月季 *Rosa chinensis*

识别要点：直立灌木。小枝有略带钩状的皮刺。小叶3~5枚，广卵形至卵状矩圆形，有锐锯齿，两面无毛，上面暗绿色，有光泽；叶柄和叶轴散生皮刺或短腺毛。托叶有腺毛。花单生或数朵排成伞房状；花柱分离；萼片常羽裂。果实球形，红色。

地理分布：全国各地普遍栽培。

生长习性：喜光，但侧方遮荫对开花最为有利；喜温暖气候，不耐严寒和高温，多数品种的最适宜生长温度为15~26℃，主要开花季节为春秋两季，夏季开花较少。对土壤要求不严，适应性强。

种植要点：扦插或嫁接繁殖。

园林用途：月季是我国十大传统名花之一，有“花中皇后”之美名。在欧洲神话传说中，月季是与希腊爱神维纳斯同时诞生的，象征着爱情真挚、情浓、娇羞和艳丽。月季品种繁多，花色丰富，开花期长，是园林中应用最广泛的花灌木，适于各种应用方式，在花坛、花境、草地、园路、庭院各处应用均可。

栽植地点：北校4号楼南。南校办公楼前、学生生活区。东校教学楼东侧。

◎ 玫瑰 *Rosa rugosa*

识别要点：直立灌木，枝条较粗，灰褐色，密生刺毛。小叶5~9，表面亮绿色，多皱纹，背面有柔毛和刺毛；叶柄及叶轴被绒毛，疏生小皮刺及腺毛；托叶大部与叶柄连合。花单生或3~6朵聚生于新枝顶端，紫红色。蔷薇果扁球形，径约2~3cm，红色。花期4~5月，果熟期9~10月。

地理分布：主产华北，山东平阴的玫瑰最为著名。

生长习性：适应性强，耐寒，耐干旱，对土壤要求不严，在沙地和微碱性土上也可生长良好。喜阳光充足、凉爽通风而且排水良好的环境，不耐水涝。萌蘖力强。

种植要点：分株或扦插繁殖，也可嫁接和埋条繁殖。

园林用途：玫瑰栽培历史悠久，既用于园林观赏，也利用其花提取芳香油。玫瑰色艳花香，适于路边、房前等处丛植赏花，也可作花篱或结合生产于山坡成片种植。鲜花瓣提取芳香油，为世界名贵香精。

栽植地点：南校3号学生公寓东侧，林学实验站。树木园。

◎ 黄刺玫 *Rosa xanthina*

识别要点：落叶灌木，高达3m。小枝褐色或褐红色，散生直刺，无刺毛。小叶7~13，近圆形或宽椭圆形，长0.8~2cm；托叶小，下部与叶柄连生，先端分裂成披针形裂片。花单生，黄色，重瓣或单瓣，径4.5~5cm。果近球形，红黄色，径约1cm。花期4~6月，果期7~8月。

地理分布：东北、华北至西北。

生长习性：阳性树种。喜光、耐寒、抗干旱瘠薄，但不耐水湿。对土壤要求不严，较少有病虫危害。

种植要点：分蘖、压条、扦插均可。易于栽培管理。

园林用途：花黄色，色艳丽，花叶同放，花期较长，是春末夏初的重要观赏花木。花可提取芳香油。

栽植地点：北校水土学院。树木园。

◎ 刺梨 *Rosa roxburghii*

别　　名：缫丝花

识别要点：落叶灌木，多分枝，小枝无毛，在托叶下常有成对微弯皮刺。小叶9~15，叶片下面沿中脉常被小刺，叶柄及叶轴疏生皮刺。花1~2朵生于短枝上，粉红色，重瓣，花梗、花托、萼片、果及果梗均被刺毛。蔷薇果扁球形，径3~4cm，黄色，密生刺。

地理分布：长江流域以南至华南、西南，山东有栽培。

生长习性：喜光，耐寒，耐干旱瘠薄。对土壤要求不严，较少有病虫危害。

种植要点：播种、分蘖、压条、扦插均可。管理简易。

园林用途：花朵秀丽，结实累累，可作丛植或作花篱。果肉富含维生素C，可生食、制蜜饯或酿酒。

栽植地点：北校8号楼北侧。树木园。

◎ 重瓣棣棠 *Kerria japonica* 'Pleniflora'

识别要点：落叶灌木，小枝绿色，光滑，有棱。单叶互生，卵形，有尖锐重锯齿，先端长渐尖，基部楔形或近圆形。花金黄色，单生枝顶，重瓣。瘦果黑褐色，生于盘状果托上，外包宿存萼片。花期4～5月。

地理分布：华东、华中、华北。

生长习性：喜温暖、半荫的湿润环境，略耐寒，在黄河以南可露地越冬。萌蘖力强，耐修剪。

种植要点：分株、扦插，也可播种。

园林用途：枝、叶、花俱美，枝条嫩绿，叶形秀丽，花朵金黄。适于丛植，配植于墙隅、草坪、水畔、坡地、桥头、林缘、假山石隙均无不适，尤其是植于水滨，花影照水，满池金辉，景色迷人；也可栽作花径、花篱。

栽植地点：北校12号楼南侧，北校5号楼南青年广场。南校体育馆西南侧。

◎ 鸡麻 *Rhodotypos scandens*

识别要点：落叶灌木，小枝紫褐色。单叶对生，椭圆状卵形，具尖锐重锯齿，先端锐尖，上面皱。花纯白色，单生枝顶，直径3~5cm；萼片4，大而有齿；花瓣4；心皮4，各有胚珠2。核果4，熟时干燥，亮黑色，外包宿萼。花期4～5月，果期9～10月。

地理分布：东北南部、华北至长江中下游。

生长习性：略喜光，耐半荫；耐寒；适生于疏松肥沃而排水良好的土壤，怕涝。耐修剪，萌蘖力强。

种植要点：播种或分株、扦插繁殖，以播种应用较多。

园林用途：株形婆娑，叶片清秀美丽，花朵洁白，适宜丛植，可用于草地、路边、角隅、池边等处造景，也可与山石搭配。

栽植地点：北校3号楼南。

◎ 平枝栒子 *Cotoneaster horizontalis*

别　　名：铺地蜈蚣

识别要点：半常绿灌木，植株低矮，常平铺地面。枝水平开张成整齐二列，宛如蜈蚣。叶近圆形至宽椭圆形，先端急尖，长 0.5~1.5cm，下面疏生平伏柔毛，叶柄有柔毛。花径 5~7mm，无梗，单生或 2 朵并生，粉红色，花萼 5，花瓣 5。梨果近球形，鲜红色，径 4~6mm，3 小核。花期 4 ~ 5 月，果期 9 ~ 10 月。

地理分布：甘肃、陕西、湖南、湖北、四川、贵州、云南等省，华北地区引种生长良好。

生长习性：喜光，耐半荫，耐寒性强，抗干旱瘠薄，不耐水涝。对土壤要求不严，在钙质土壤上生长也极良好。

种植要点：播种或扦插繁殖。扦插易成活，为混合生根型。

园林用途：植株低矮，常平铺地面，秋季红果缀满枝头，经冬至春不落，如有冬季积雪相衬，则红果白雪，极为壮观。秋季叶片边缘变红，整个植株呈鲜红一片，可持续至初冬。宜丛植，或成片植为地被，或作基础种植材料，尤其适于坡地、路边、岩石园等地形起伏较大的区域应用。作地被和观果树种。蜜源植物。

栽植地点：南校林学实验站。树木园。

◎ 水栒子 *Cotoneaster multiflorus*

识别要点： 多花栒子

识别要点： 落叶灌木，高达3m。枝条细瘦拱曲，红褐色或棕褐色，光滑无毛。单叶互生，叶卵形或宽卵形，全缘，先端急尖或圆钝，成叶两面无毛。复聚伞花序，花白色，具短爪，雄蕊20枚，较花瓣短。梨果球形或倒卵形，红色；种核1枚。花期4~5月，果熟8~9月。

地理分布： 华北、东北、西北、西南各省区均有分布。

生长习性： 阳性树种，喜光，耐寒，对土壤要求不严，抗干旱、瘠薄，不耐水涝。

种植要点： 播种繁育。种子需层积2年才发芽良好。

园林用途： 枝条细瘦拱曲，红色或棕褐色，光滑无毛。夏季花白如雪，秋季果红似火，且经久不落，为优美的观花、观果树种。宜植于草坪、花坛、路边、宅角等处，或小片栽植，均具美化环境之效。优良蜜源植物。

栽植地点： 南校林学实验站。

◎ 西北栒子 *Cotoneaster zabelii*

识别要点：落叶灌木，高达3m。叶椭圆形至卵形，顶端圆钝，基部圆或宽楔形，背面密被带黄色或灰色绒毛；叶柄长1~2mm。花浅红色，3~13朵成下垂聚伞花序，总花梗及花序被柔毛。梨果倒卵形，径7~8mm，鲜红色，小核2。花期5月，果期9月。

地理分布：华北、西北，南到湖南、湖北。可生于石灰岩山地的山坡阴处、沟谷之中。

生长习性：阳性树种，喜光，耐寒，对土壤要求不严，抗干旱瘠薄。

种植要点：播种繁育。种子需低温层积处理1年。

园林用途：优美的观花观果树种，也可作水土保持灌木。蜜源植物。

栽植地点：南校林学实验站。

◎ 火棘 *Pyracantha fortuneana*

别　　名：火把果

识别要点：常绿灌木，有棘刺，幼枝被锈色柔毛，后脱落。叶倒卵状长椭圆形，基部楔形，叶缘有圆钝锯齿。花白色，5基数。果实球形，径约5mm，桔红色或深红色。花期4~5月，果期9~11月。

地理分布：秦岭至南岭，西至四川、云南和西藏，东达沿海地区。

生长习性：喜光，极耐干旱瘠薄，耐寒性不强，但在华北南部可露地越冬；要求土壤排水良好。萌芽力强，耐修剪。

种植要点：播种或扦插繁殖。

园林用途：枝叶繁茂，初夏白花繁密，秋季红果累累如满树珊瑚，经久不凋，是一美丽的观果灌木。适宜丛植于草地边缘、假山石间、水边桥头，也是优良的绿篱和基础种植材料。果含淀粉和糖，可食用。

栽植地点：南校大门西侧护校河北岸。

◎ 山楂 *Crataegus pinnatifida*

识别要点： 有短枝刺。叶片宽卵形，两侧各有3~5羽状浅裂或深裂，有不规则尖锐重锯齿；托叶半圆形或镰刀形。花序梗、花梗有长柔毛。梨果近球形，红色或橙红色，表面有白色或绿褐色皮孔点。花期5～6月，果期9～10月。

地理分布： 东北至华中、华东各地。

生长习性： 适应性强。喜光，较耐寒；适应各种土壤，但以沙质壤土最佳，耐干旱瘠薄。在潮湿炎热的条件下生长不良。萌芽力、萌蘖力强，根系发达。抗污染，对氯气、二氧化硫、氟化氢的抗性均强。

种植要点： 播种、嫁接、分株、压条繁殖。种子需层积2年才发芽良好。

园林用途： 树冠整齐，花繁叶茂，春季白花满树，秋季果实红艳繁密，叶片亦变红色，是观花、观果、观叶的优良园林树种。园林中可结合生产成片栽植，并是园路树的优良材料。经修剪整形，也可作果篱，并兼有防护之效，日本园林中常见应用。

栽植地点： 北校南门周边，林学实验站，东校。

◎ 俄罗斯山楂 *Crataegus ambigua*

识别要点：落叶乔木至小乔木，枝刺发达，圆锥形，褐色。新枝绿色，老枝褐色。叶片卵形，两侧各有3~5羽状深裂，有不规则尖锐重锯齿。花序梗、花梗有长柔毛；花萼5，花瓣5，白色，花药红色。梨果球形，径0.8~1.2cm，鲜红色，有光泽，果点不明显。花期4~5月，果熟期9~10月。

地理分布：原产俄罗斯，我国东北、华北、西北引种生长良好。

生长习性：喜光，耐严寒；对土壤要求不严，喜沙质壤土，耐干旱瘠薄。在潮湿炎热的条件下生长不良。萌芽力、萌蘖力强，根系发达，比山楂生长略慢。据观察，对根腐病抗性较强。

种植要点：播种、嫁接、分株繁殖。种子需层积2年才发芽良好。

园林用途：树冠整齐，花繁叶茂，春季白花满树，秋季果实红艳繁密，是观花、观果、观叶的优良园林树种。是园路树的优良材料。经修剪整形，也可作果篱，并兼有防护之效。

栽植地点：林学实验站。

◎ 石楠 *Photinia serratifolia* (*Photinia serrulata*)

识别要点：常绿灌木或小乔木；树冠圆球形，小枝灰褐色，无毛。叶革质，长椭圆形至倒卵状长椭圆形，有细锯齿，侧脉20对以上，表面有光泽。复伞房花序顶生，花白色，花萼5，花瓣5。梨果球形，径5–6mm，红褐色。花期4~5月，果期10~11月。

地理分布：淮河流域至华南、西南，日本也有分布。

生长习性：喜温暖湿润气候，耐–15℃低温；喜光，也耐荫；喜肥沃湿润、排水良好的酸性至中性土壤；较耐干旱瘠薄，不耐水湿。萌芽力强，耐修剪。

种植要点：播种或扦插繁殖。

园林用途：树冠圆整，枝密叶浓，早春嫩叶鲜红，夏秋叶色浓绿光亮，兼有红果累累，鲜艳夺目，是重要的观叶观果树种。在公园绿地、庭园、路边、花坛中心及建筑物门庭两侧均可孤植、丛植、列植。生长迅速，极耐修剪，因而适于修剪成型，常修剪成“石楠球”，用于庭院阶前或入口处对植、大片草坪上群植，或用作花坛的中心树。还是优良的绿篱材料。

栽植地点：北校4号楼南。南校综合楼前。东校教学楼南。树木园。

◎ 椤木石楠 *Photinia bodinieri*（*Photinia davidsoniae*）

识别要点：常绿乔木，高达15m。干、枝常有刺。幼枝和幼叶上面中脉被柔毛。叶长椭圆形至倒披针形，先端渐尖且有短尖头，缘有腺齿，叶柄长0.8~1.5cm。复伞房花序顶生，花白色，花萼5，花瓣5。梨果，黄红色，径0.7~1cm。花期4~5月，果期10~11月。

地理分布：长江流域至华南、西南。

生长习性：喜光，耐旱，对土壤要求不严。常栽培观赏，适于整形修剪，可做刺篱。

种植要点：播种或扦插繁殖。

园林用途：观叶、观花、观果树种。

栽植地点：北校4号楼前。树木园。

◎ 红叶石楠 *Photinia×fraseri*

识别要点： 红叶石楠是石楠属杂交种的统称。其特征为：常绿灌木或小乔木，高达4~6m；小枝灰褐色，无毛。叶互生，长椭圆形或倒卵状椭圆形，长9~22cm，宽3~7cm，边缘有疏生腺齿，无毛。复伞房花序顶生，花白色，径6~8mm。果球形，径5~6mm，红色或褐紫色。

常见品种： 红罗宾（‘Red Robin’）由石楠(Ph. serrulata)与光叶石楠(Ph. glabra)杂交而成，是主要流行品种。鲁宾斯(Rubens) 由日本园艺家从光叶石楠中选育而成，株型较小，一般高3m左右。叶片相对较小，一般为9cm左右。还有红唇（‘Red Lip’）。

地理分布： 在长江流域生长良好，华北大部、华东、华南及西南各省区可栽培。

生长习性： 喜强光，稍耐荫；喜温暖湿润气候，耐干旱瘠薄，不耐水湿；耐寒性强，能耐-18℃的低温；耐土壤瘠薄，有一定的耐盐碱性和耐干旱能力。生长快，萌芽性强，耐修剪，易于移植和整形。

种植要点： 扦插繁殖。

园林用途： 枝繁叶茂，树冠圆球形，早春嫩叶绛红，初夏白花点点，秋末累累赤实，冬季老叶常绿，园林观赏价值高。其新梢和嫩叶鲜红且持久，艳丽夺目，果序亦为红色，秋冬季节，红绿相间，极具观赏价值，是绿化树种中不可多得的红叶系列的观叶彩叶树种。

栽植地点： 北校4、5号楼周边。南校学生生活区。树木园。

◎ 枇杷 *Eriobotrya japonica*

识别要点：常绿小乔木或灌木。小枝、叶下面、叶柄均密被锈色绒毛。单叶互生，羽状脉，革质，倒卵状披针形，具粗锯齿。圆锥花序顶生，常被绒毛；花白色；花萼5，花瓣5。梨果近球形或倒卵形，黄色或橙黄色。花期11~12月，果期次年5~6月。

地理分布：长江流域以南至西南。

生长习性：喜光，稍耐荫；喜温暖湿润气候和肥沃湿润而排水良好的土壤，不耐寒，但在淮河流域仍能正常生长。

种植要点：播种和嫁接繁殖。

园林用途：树形整齐美观，叶片大而荫浓，冬日白花满树，初夏黄果累累，可谓"树繁碧玉叶，柯叠黄金丸"，为亚热带地区优良果木，是绿化结合生产的好树种。

栽植地点：北校4号楼南。文理大楼南。

◎ 白梨 *Pyrus bretschneideri*

识别要点：树皮呈小方块状开裂。枝、叶、叶柄、花序梗、花梗幼时有绒毛，后脱落。叶卵状椭圆形，具芒状锯齿；幼叶棕红色。花白色，花萼5，花瓣5，花柱5。梨果倒卵形，黄绿色或黄白色，径约5~10cm，萼片脱落。花期4月，果期8~9月。

地理分布：河北、河南、山东、陕西、甘肃、青海。

生长习性：喜温带气候，耐干冷，宜沙质土，对肥力要求不严，耐盐碱。

种植要点：嫁接繁殖。

园林用途：花朵繁密美丽，洁白如玉，果实硕大，既是著名的果树，也常用于观赏。适植于庭院房前、池畔孤植或丛植，所谓“梨花院落溶溶月”。在大型风景区内可结合生产，成片栽植梨树，既能观花，又能收果，如承德避暑山庄“梨花伴月”景点有梨树万株。

栽植地点：南校学苑食府南侧。北校文理大楼南侧。树木园。

◎ 杜梨 *Pyrus betulaefolia*

别　　名：棠梨

识别要点：常具枝刺。幼枝、幼叶两面、叶柄、花序梗、花梗、萼筒及萼片内外两面都密生灰白色绒毛。叶菱状卵形至椭圆状卵形，具粗尖锯齿，无刺芒。花白色，花萼5，花瓣5，花柱2~3，花梗长2~2.5cm。梨果近球形，径0.5~1cm，萼片脱落。花期4月，果期9月。

地理分布：东北南部、内蒙古、黄河及长江流域。

生长习性：喜光，抗性强，耐盐碱。深根性，萌蘖力强。

种植要点：播种繁殖。

园林用途：既是嫁接白梨的优良砧木，也可栽培观赏，适于庭园孤植、丛植，也是华北、西北地区防护林及沙荒造林树种。

栽植地点：北校3号楼南。树木园。

◎ 豆梨 *Pyrus callergana*

识别要点：树皮呈粗块状裂。小枝多粗壮，圆柱形，灰褐色。叶宽卵形至卵圆形，先端短渐尖，基部圆形，上下两面无毛。伞形总状花序由6～12朵花组成，白色；花萼5，花瓣5，雄蕊20；子房多2室，花柱2，基部无毛。梨果近球形，径1～1.2cm，无萼凹，萼片脱落，熟时黑褐色，密生白色果点。花期4月，果期9～10月。

地理分布：产华南至华北，主产长江流域各地。

生长习性：喜光，喜温暖湿润气候，不耐寒。抗病力强。在酸性、中性、石灰岩山地都能生长。果酿酒，根、叶、果药用。

种植要点：播种繁殖。

园林用途：嫁接白梨的砧木，也可观赏。

栽植地点：南校足球场东北角。北校4号楼周边。

◎ 苹果 *Malus pumila*

识别要点：冬芽有毛；幼枝、幼叶、叶柄、花梗及花萼密被灰白色绒毛。叶卵形、椭圆形至宽椭圆形，幼时两面密被短柔毛，后上面无毛，有圆钝锯齿。花白色带红晕，径3~4cm；花萼倒三角形，较萼筒稍长；花萼5，花瓣5，花柱5。梨果扁球形，径5cm以上，两端均下洼，萼宿存；形状、大小、色泽、香味、品质等因品种不同而异。花期4~5月，果期7~10月。

地理分布：原产欧洲和亚洲中部，为温带重要果树。我国适宜栽培区为东北南部、西北、华北及西南高地。

生长习性：喜光，要求比较冷凉和干燥的气候，不耐湿热；以深厚、肥沃、湿润而排水良好的土壤上生长较好，不耐瘠薄。

种植要点：嫁接繁殖，砧木常用山荆子、海棠果或湖北海棠等。

园林用途：苹果是著名水果，品种繁多，园林中可结合生产，成片栽培，也可丛植点缀庭院，宜应当选择适应性强，抗病虫的品种。

栽植地点：南校园艺实验站。

◎ 海棠花 *Malus spectabilis*

识别要点： 小乔木或大灌木，高4~8m；树形峭立，枝条耸立向上，树冠倒卵形。叶椭圆形至长椭圆形，长5~8cm，有密细锯齿；叶柄长1.5~2cm。花在蕾期红艳，开放后淡粉红色，径约4~5cm，花梗长2~3cm；萼片较萼筒稍短。梨果近球形，径约2cm，黄色，味苦，基部无凹陷，花萼宿存。花期3~5月，果期9~10月。

地理分布： 华东、华北、东北南部各地习见栽培。

生长习性： 喜光；耐寒；耐干旱，忌水湿。对土壤要求不严，但最适宜生长于排水良好的沙壤土，对盐碱土抗性较强。

种植要点： 播种、分株、压条、扦插或嫁接，以嫁接繁殖应用较多。

园林用途： 海棠是我国久经栽培的传统花木，3~5月开花，初开极红如胭脂点点，及开则渐成缬晕，至落则若宿妆淡粉，果实色彩鲜艳，结实量大。自然式群植、建筑前或园路两侧列植、入口处对植均无不可。小型庭院中，最适于孤植、丛植于堂前、栏外、水滨、草地、亭廊之侧。《花镜》云："海棠韵娇，宜雕墙峻宇，障以碧纱，烧以银烛，或凭栏，或倚枕其中。"

栽植地点： 北校农大宾馆。南校学生生活区，综合楼前绿地。

◎ 西府海棠 *Malus micromalus*

识别要点：树冠紧抱，枝直立性强；小枝紫红色或暗紫色，幼时被短柔毛，后脱落。叶椭圆形至长椭圆形，锯齿尖锐。花序有花4~7朵，集生于小枝顶端；花淡红色，初开时色浓如胭脂；萼筒外面和萼片内均有白色绒毛，萼片与萼筒等长或稍长。梨果近球形，径1.5~2cm，红色，基部及先端均凹陷；萼片宿存或脱落。花期4~5月，果期9~10月。

地理分布：东北南部、华北、甘肃、云南。

生长习性：喜光，耐寒，耐干旱，较耐盐碱，不耐水涝。抗病虫害，根系发达。

种植要点：播种、分株、压条、扦插或嫁接繁殖，以分株、嫁接应用较多。

园林用途：著名庭园观赏花木。

栽植地点：树木园。

◎ 湖北海棠 *Malus hupehensis*

识别要点： 叶卵形或椭圆状卵形，具不规则细尖锯齿，幼时被柔毛。花白色，偶粉红色，径3.5~4cm；萼片顶端尖，与萼筒等长或稍短；花萼5，花瓣5，花柱3，罕4，基部有长绒毛。梨果近球形，黄绿色，稍带红晕，径约1cm；萼片脱落。花期4~5月，果期9~10月。

地理分布： 湖北、山东、河南、陕西、甘肃、山西至长江流域以南各地。

生长习性： 喜光，喜温暖湿润，耐水湿。

种植要点： 播种或根蘖繁殖。

园林用途： 花朵芳香、艳丽，是优良的观赏树种。常做嫁接苹果、垂丝海棠的砧木，嫩叶可代茶。

栽植地点： 北校4号楼南侧。树木园。

◎ 垂丝海棠 *Malus halliana*

识别要点： 树冠疏散，枝条开展。小枝、叶缘、叶柄、中脉、花梗、花萼、果柄、果实常紫红色。叶质地较厚，锯齿细钝或近于全缘。花梗细长，下垂；花初开时鲜玫瑰红色，后渐呈粉红色；萼片三角状卵形，顶端钝，与萼筒等长或稍短；花萼5，花瓣5，花柱4~5。梨果倒卵形，径6~8mm，萼片脱落。花期4~5月，果期9~10月。

地理分布： 长江流域至西南。各地常见栽培。

生长习性： 喜光，耐寒，耐干旱，较耐盐碱，不耐水涝。

种植要点： 多用嫁接繁殖。

园林用途： 花繁色艳，朵朵下垂，红果累累，是著名庭园观赏花木，也可盆栽。

栽植地点： 南校生活桥西端北侧。北校4号楼南。

◎ 海棠果 *Malus prunifolia*

别　　名：楸子

识别要点：树冠开张，枝下垂。嫩枝灰黄褐色。叶卵形至椭圆形，长5~9cm，缘具细锐锯齿；叶柄长1~5cm。花序由4~5朵花组成；花白色或带粉红色；萼片披针形，较萼筒长。果熟时红色，径2~2.5cm，萼肥厚宿存。花期4～5月，果期8～9月。

地理分布：华北、西北、东北南部和内蒙古。

生长习性：喜光，耐寒，耐干旱，较耐盐碱，不耐水涝。

种植要点：播种或根蘖繁殖。

园林用途：优美的观花、观果树种。为苹果优良砧木。

栽植地点：北校5号楼前。

◎ 山荆子 *Malus baccata*

别　　名：山定子

识别要点：树冠近圆形，小枝纤细，无毛。叶卵状椭圆形，叶缘红色。花白色，萼片披针形，长于萼筒，花萼5，花瓣5。梨果近球形，径不足1cm，红色或黄色，萼脱落。花期4~5月，果期9~10月。

地理分布：东北、华北、西北。

生长习性：喜光，耐寒性强，耐-50℃低温；耐干旱，不耐涝，适于中性和酸性土，不耐盐碱。适应性极强。

种植要点：播种、嫁接和压条繁殖。

园林用途：枝繁叶茂，是优美的园林绿化树种。嫩叶可代茶。

栽植地点：南校林学实验站。

◎ 木瓜 *Chaenomeles sinensis*

识别要点：树皮薄片状剥落，乳白色和乳黄色。短枝呈棘状。叶卵状椭圆形，有芒状锯齿，齿尖有腺。花单生，粉红色，5基数，萼筒钟状，萼片反折，边缘有细齿。梨果椭圆形，长10~18cm，黄绿色，近木质，芳香。花期4~5月，果期9~10月。

地理分布：黄河以南至华南，各地习见栽培。

生长习性：喜光，喜温暖，也较耐寒，在北京可露地越冬。适生于排水良好的土壤，不耐盐碱和低湿。

种植要点：播种或嫁接繁殖。

园林用途：树皮斑驳可爱，果实大而黄色，秋季金瓜满树，悬于柔条上，婀娜多姿、芳香袭人，乃色香兼具的果木。尤适于小型庭院造景，常于房前或花台中对植、墙角孤植。果实香味持久，置于书房案头则满室生香。

栽植地点：北校4号楼南、3号楼南。南校综合楼南绿地，牡丹园。

◎ 贴梗海棠 *Chaenomeles speciosa*

别　　名： 皱皮木瓜

识别要点： 灌木，有枝刺。叶卵状椭圆形，有细锯齿，无芒。托叶大，肾形或半圆形，有重锯齿。花3~5朵簇生于2年生枝上，鲜红、粉红或白色；萼筒钟状，萼片直立。梨果卵球形，径4~6cm，黄色，芳香。花期3～5月，果期9～10月。

生长习性： 喜光，耐寒，对土壤要求不严，喜生于深厚肥沃的沙质壤土；不耐积水。耐修剪。

种植要点： 分株、扦插、压条或嫁接繁殖。

地理分布： 黄河以南至华南、西南。

园林用途： 早春先叶开花，鲜艳美丽、锦绣烂漫，秋季硕果芳香金黄，是一种优良的观花观果灌木。适于草坪、庭院、树丛周围、池畔丛植，还是花篱及基础栽植材料，并可盆栽。

栽植地点： 北校5号楼南广场。南校品慧楼东侧、护校河北侧。

◎ 木瓜海棠 *Chaenomeles cathayensis*

识别要点： 灌木至小乔木，枝条直立而坚硬。叶质地较厚，椭圆形或披针形，有细密芒状锯齿。花簇生，花柱基部有较密柔毛。梨果卵形或长卵形，长8~12cm，黄色，有红晕。花期3~4月，果期9~10月。

地理分布： 产秦岭至华南、西南。山东临沂普遍栽培。

生长习性： 喜光，耐寒性较差；对土壤要求不严，喜生于深厚肥沃的沙质壤土；不耐积水。耐修剪。

种植要点： 分株、扦插、压条或嫁接繁殖。

园林用途： 早春先叶开花，鲜艳美丽，秋季硕果芳香金黄，是一种优良的观花观果灌木。还是花篱及基础栽植材料，并可盆栽。

栽植地点： 南校生活桥西端北侧。林学实验站。北校4号楼周边。

◎ 雪来 *Malus* ‘Flame’

识别要点：树势强健，树体高大，株形紧凑；树皮黄绿色，株高8~10m，冠幅4~6m。花极茂密，白色，直径约4cm。果熟时桔红色，径约2.5cm。花期较早。果期8月下旬~9月下旬。

地理分布：原产北美，华北可栽培。

生长习性：抗病，耐寒。

种植要点：嫁接繁殖。

园林用途：著名观花、观果树种。

栽植地点：北校神农路。

◎ 雪龙 *Malus* 'Dolgo'

识别要点： 树势强健，树体高大，株形开展；树皮黄绿色，株高10~12m，冠幅8~10m。花型大，白色，直径5cm。果熟时亮红色，直径约3.5cm，味美可食。花期早，4月中旬。果期6月下旬~7月下旬。

地理分布： 原产北美，华北可栽培。

生长习性： 极抗病，耐寒。

种植要点： 嫁接繁殖。

园林用途： 著名观花、观果树种。

栽植地点： 北校神农路。

◎ 红艳 *Malus* ‘Radiant’

识别要点： 树形紧密，高大挺拔，圆整匀称；干棕红色，株高5~8m，冠幅6m。新叶红色。花深亮红粉色，极为繁密，色调明快。果熟时亮红色，直径1.3cm，圆锥形，有果粉。花期4月中旬，果期5~12月。

地理分布： 原产北美，华北可栽培。

生长习性： 耐寒，抗病，生长迅速。

种植要点： 嫁接繁殖。

园林用途： 著名观花、观果树种。是综合观赏价值最高的海棠品种之一。

栽植地点： 北校神农路。

◎ 雪球 *Malus* 'Snowdrift'

识别要点： 树体高大健壮，分枝角度小；干皮红色，株高6~7.5m，冠幅4m。叶色绿。花白色。果熟时亮红色，直径1cm，宿存。花期4月下旬。果期8~10月。

地理分布： 原产北美，华北可栽培。

生长习性： 耐寒，抗病，适应性强。

种植要点： 嫁接繁殖。

园林用途： 著名观花、观果树种。

栽植地点： 北校神农路。

◎ 红紫 *Malus* ‘Royalty’

识别要点：树冠半圆形，干性较弱，角度开张；干红棕色，株高 4.5~5.5m，冠幅 6m。新叶火红色，成熟后为带绿晕的紫色。花深紫色，半重瓣。果熟时深紫色，直径 1.5cm。花期 4 月下旬，果期 6~10 月。

地理分布：原产北美，华北可栽培。

生长习性：耐寒，抗病，适应性强。

种植要点：嫁接繁殖。

园林用途：著名观花、观果树种。观赏海棠中的最佳观叶品种之一。

栽植地点：北校神农路。

◎ 红久 *Malus* ‘Longlife’

识别要点：树冠杯形；干皮棕红色，株高7.5m，冠幅7.5m；枝条较软。新叶红色。花序花朵数较多，花浅粉色，边缘有深粉色晕。果熟时黄色，带红晕，直径1cm。花期为4月下旬。果期6月，宿存。本品种的亲本为原产我国的湖北海棠与洋红海棠，而洋红海棠的亲本为原产我国的垂丝海棠及原产我国的裂叶海棠。

地理分布：原产北美，华北可栽培。

生长习性：极抗病，耐寒性稍差，冬季极端温度-25℃以上地区可栽培。

种植要点：嫁接繁殖。

园林用途：著名观花、观果树种。

栽植地点：北校神农路。

◎ 红粉 *Malus* ‘PinkPrincess’

识别要点：树形窄而向上。干皮红棕色，株高4.5~6m，冠幅4m。新叶紫红色。花初开紫红，后渐变粉堇色。果熟时紫红色，直径1.2cm，宿存。花期最早，芳香浓郁。果期7月。

地理分布：原产北美，华北可栽培。

生长习性：抗性极佳，适应性极强。

种植要点：嫁接繁殖。

园林用途：著名观花、观果树种。

栽植地点：北校神农路。

◎ 梅花 *Prunus mume*

识别要点： 树冠圆球形，树姿开展。小枝绿色，无毛，有不明显枝刺。叶卵形至广卵形，长4~10cm，基部圆，先端长渐尖或尾尖，锯齿细。花单生或2朵并生，先叶开放，白色、粉红或红色，有香味，径2~2.5cm，花梗短，花萼绿色或否。核果近球形，黄绿色，径2~3cm，表面密被细毛；果核有多数凹点。花期12月至翌年4月，果期5~6月。

地理分布： 中国特产，东自台湾，西至西藏，南自广西，北至湖北均有分布，淮河以南普遍栽培。

生长习性： 喜光，喜温暖湿润的气候，大多数品种耐寒性较差，但'北京玉碟'等品种能抗-19℃低温，'美人梅'抗-25℃极端低温。对土壤要求不严，微酸性、中性、微碱性土均能适应。较耐干旱瘠薄，最忌积水。对二氧化硫抗性差。萌芽力强，耐修剪，寿命长。

种植要点： 嫁接、扦插、压条或播种繁殖，以嫁接繁殖应用最多。砧木可选用桃、山桃、杏、山杏或梅实生苗，北方多用杏、山杏和山桃，南方则常用梅或桃。以桃和山桃为砧木嫁接易成活，生长也快，但寿命较短，且易遭病虫危害。

园林用途： 梅花是我国特有的传统花木和果木，花开占百花之先。梅花盛放时，香闻数里，落英缤纷，宛若积雪，有"香雪海"之称。梅与松、竹一起被誉为"岁寒三友"，又与迎春、山茶和水仙一起被誉为"雪中四友"，又与兰、竹、菊合称"四君子。梅花适于建设专类园，著名的有南京梅花山、武汉磨山、无锡梅园、杭州孤山和灵峰、苏州光福、昆明西山、广州罗岗等。梅花还是著名的盆景材料，徽派、川派等盆景流派均以梅花为代表树种之一。约1474年传入朝鲜，后传入日本，至1878年被引入欧洲，直到1908年才有15个品种由日本传入美国。现在，朝鲜和日本栽培较多，艺梅也较盛，而欧美地区仍较少。南京、武汉市市花。

栽植地点： 树木园。

◎ 美人梅 *Prunus mume* 'Beauty mei'

识别要点：美人梅是宫粉梅与紫叶李的杂交种。新叶紫红色，老叶褐绿色。有不明显枝刺。叶卵圆形，基部圆，先端尾状尖。花重瓣，粉红色；花梗细长；花托不肿大。核果近球形，紫红色或橘红色，径2~3cm，味酸。花期3～4月，果期6～7月。

地理分布：华北、华中、华东。

生长习性：同梅花相似，但是更耐寒，抗-25℃极端低温。

种植要点：同梅花。

园林用途：美人梅分枝细瘦，树冠近球形。春季粉红色花满树开放，令人赏心悦目。春季新叶紫红色，夏秋季新叶紫红色、老叶褐绿色，是著名的观花、观叶树种。适于公园草坪、坡地、庭院角隅、路旁孤植或丛植，也是良好的园路树。

栽植地点：南校学生生活区，足球场西侧，体育馆西南角，教职工生活区。北校7号楼北侧，4号楼周边。

◎ 杏树 *Prunus armeniaca*

识别要点：小枝红褐色。叶广卵形，基部心形，先端短尖或渐尖，锯齿圆钝。花单生，先叶开放，单瓣，白色至淡粉红色，花梗极短，花萼绛红色。核果近球形，黄色或带红晕，有细柔毛；果核平滑。花期3～4月，果期6～7月。

地理分布：西北、东北、华北、西南、长江中下游。

生长习性：喜光，耐寒，可耐-40℃低温，也耐高温；对土壤要求不严，耐轻度盐碱，耐干旱，不耐涝。萌芽力和成枝力较弱。生长迅速，5~6年生开始结果，可达百年以上。

种植要点：播种或嫁接繁殖。

园林用途：著名的观赏花木和果树，早春3月当红梅落尽、春意正浓之时，杏树先叶开花，花繁姿娇、占尽春风，正是"落梅香断无消息，一树春风属杏花。"在园林中最宜结合生产群植成林。可于庭院、山坡、水边、草坪、墙隅孤植、丛植赏花，或照影临水，或红杏出墙。

栽植地点：北校南门东北区。东校图书楼北。南校学生生活区。

◎ 桃树 *Prunus persica*

识别要点：小枝向阳面红褐色背阴面绿色，侧芽常3个并生，中间为叶芽，两侧为花芽。叶卵状披针形，先端长渐尖，锯齿细钝或较粗，叶片基部有腺体。花单生，先叶开放或与叶同放，粉红色，单瓣。核果，果核有深沟纹和蜂窝状孔穴。花期3～4月，果期6～7月。

地理分布：主产华北和西北，南至福建、广东。

生长习性：阳性树，不耐荫；耐−20℃ 以下低温，也耐高温；喜肥沃而排水良好的土壤，不适于碱性土和粘性土。较耐干旱，极不耐涝。寿命较短，根系浅。

种植要点：播种或嫁接繁殖。

园林用途：品种繁多，树形多样，着花繁密，无论食用桃还是观赏桃，盛花期均烂漫芳菲、妩媚可爱，是园林中常见的花木和果木。常植于水边，采用桃柳间植的方式，形成“桃红柳绿、水中倒影”的景色。若将各观赏品种栽植在一起，形成碧桃园，布置在山谷、溪畔、坡地均宜。

栽植地点：北校2、4、5号楼周边。南校1号公寓楼南侧。东校图书楼北。

◎ 紫叶桃 *Prunus persica f.atropurpurea*

识别要点：春季新叶紫红色；夏秋季新叶紫红色、老叶褐绿色；叶卵状披针形，先端渐尖，叶片基部有腺体。花粉红色，单瓣。核果球形，径1.5cm，暗红色，花期3～4月，果期7～8月。

地理分布：我国各地常见栽培。

生长习性：同桃树。

种植要点：同桃树。

园林用途：春季新叶紫红色，夏秋季新叶紫红色、老叶褐绿色，是著名的观叶树种。且春季红花满树，令人赏心悦目。

栽植地点：南校图信楼南、牡丹园南侧。

◎ 紫叶碧桃 *Prunus persica f. duplex*

别　　名：重瓣碧桃

识别要点：春季新叶紫红色；夏秋季新叶紫红色、老叶褐绿色，上面多皱折；花粉红色，重瓣或半重瓣。花期3～4月。

地理分布：我国各地常见栽培。

生长习性：同桃树。

种植要点：同桃树。

园林用途：春季新叶紫红色，夏秋季新叶紫红色、老叶褐绿色，是著名的观叶树种。且春季红花满树，令人赏心悦目。

栽植地点：南校体育馆南侧、护校河北岸，品慧楼东侧。北校4号楼周边。树木园。

◎ 寿星桃 *Prunus persica var. densa*

识别要点：植株矮小，高30~100cm。枝条节间极缩短。花重瓣或单瓣，蔷薇型，花瓣红色、粉红色、白色，花径4.0cm；花丝粉白色、白色；花药黄色。花期4月，果熟期8~9月。

地理分布：华北、华东、华中各地栽培。

生长习性：喜光，不耐荫。喜排水良好的土壤，耐干旱，不耐水湿，更怕渍涝，较耐寒。寿命较短，根系浅。

种植要点：嫁接繁殖。盆栽盆土不干不浇水，浇必浇透，使之见干见湿。雨季要移至淋不着雨，光线又充分的地方。寿星桃是阳性花木，宜置于日照充足的庭院、屋顶花园或南向或西向阳台。

园林用途：与菊花桃近似。株型紧凑，花繁色艳，可栽植于广场、草坪、庭院。可盆栽观赏或制作盆景，还可剪下花枝瓶插观赏。

栽植地点：北校4号楼南侧，5号楼南侧。

◎ 菊花桃 *Prunus persica* ‘Chrysanthemoides’

识别要点：落叶灌木或小乔木。树干灰褐色，小枝灰褐至红褐色。叶椭圆状披针形。花粉红色或红色；重瓣，花瓣较细，盛开时犹如菊花。花期3~4月，花先于叶开放或花、叶同放。花后一般不结果。

地理分布：我国华北、华东、华中各地栽培。

生长习性：喜阳光充足、通风良好的环境，耐干旱、高温和严寒，不耐蔽荫和水涝。适宜在疏松肥沃、排水良好的中性至微酸性土壤中生长。

种植要点：繁殖可用一年生的山桃、毛桃或杏苗作砧木，在夏季芽接。接穗要用当年生发育充实、健壮、中段枝条上的芽，也可在春季枝接。

园林用途：菊花桃因花形酷似菊花而得名，是观赏桃花中的珍贵品种。株型紧凑，开花繁茂，花型奇特，色彩鲜艳，可栽植于广场、草坪以及庭院或其他园林场所。菊花桃可盆栽观赏或制作盆景，还可剪下花枝瓶插观赏。

栽植地点：北校4号楼南侧，5号楼南侧。

◎ 垂枝碧桃 *Prunus persica f. pendula*

识别要点：落叶小乔木，高可达8m，一般整形后控制在3~4m。小枝下垂，红褐色。叶椭圆状披针形，先端渐尖。花单生或两朵生于叶腋，花有红、粉、白等色；重瓣或半重瓣。

地理分布：西北、华北、华东、西南等地均栽培。

生长习性：喜光，耐旱，要求土壤肥沃、排水良好，不耐涝。生长快，寿命短。

种植要点：嫁接繁殖。生长期要求加强管理，施肥、灌水、除草和病虫害防治。耐寒能力不如桃树。

园林用途：碧桃花大色艳，妖妍媚人，适合于湖滨、溪流、道路两侧和公园布置，也适合小庭院点缀和盆栽观赏，还常用于切花和制作盆景。

栽植地点：北校4号楼周边。树木园。

◎ 榆叶梅 *Prunus triloba*

识别要点： 灌木，有时小乔木状。叶缘重锯齿，先端尖，常3浅裂，两面多少有毛。花单生或2朵并生，单瓣，粉红色。核果红色，密被柔毛，有沟，果肉薄。花期4～5月，果期6～7月。重瓣榆叶梅f. multiplex 花重瓣，粉红色，花萼常10，叶端多3浅裂。

地理分布： 东北、华北、华东。

生长习性： 喜光，耐寒，耐干旱，对土壤要求不严，以中性至微碱性的沙质壤土为宜，对轻度盐碱土也能适应。不耐水涝。根系发达，生长迅速。

种植要点： 嫁接繁殖，砧木常用毛樱桃、杏、山桃或榆叶梅的实生苗，若在山桃或杏砧上高接，可培养成小乔木状。

园林用途： 枝条红艳，花团锦簇，花色或粉或红，是著名的庭园花木。宜成片应用，丛植于房前、墙角、路旁、坡地均适宜。若以常绿的松柏类或竹丛为背景，与开黄花的连翘、金钟等相配植，可收色彩调和之效。

栽植地点： 北校3号楼、4号楼周边。南校大门北侧绿地，图信楼周边，足球场西侧，学生生活区。

◎ 李 *Prunus salicina*

识别要点：落叶乔木，叶倒卵状椭圆形，基部楔形，缘具细钝的重锯齿，叶柄近顶端有2~3腺体。花常3朵簇生，白色，花梗长1~1.5cm。核果卵球形，径4~7cm，具缝合线，绿色、黄色或紫色，外被蜡质白霜；梗洼深陷；核有皱纹。花期3~4月，果期7~8月。

地理分布：东北南部、华北至华东、华中。

生长习性：喜光，亦耐半荫；适应性强，酸性土至钙质土均能生长，喜肥沃湿润而排水良好的粘壤土；根系较浅。生长迅速，但寿命较短。

种植要点：常用嫁接繁殖，砧木可用桃、杏、梅、山桃和李的实生苗等。也可嫩枝扦插或分株繁殖。

园林用途：李是古来著名的“五果”之一，花白色繁密，是花果兼赏树种。可用于庭园、宅旁、或风景区等，适于清幽之处配植，或三五成丛，或数十株乃至百株片植均可。

栽植地点：南校护校河北岸、实验楼之间。北校4号楼周边。

◎ 紫叶李 *Prunus cerasifera f.atropurpura*

识别要点：树皮灰紫色。小枝细弱，红褐色，多分枝。叶紫褐色，卵形至倒卵形，有细尖单锯齿或重锯齿，基部楔形，先端渐尖，非尾状尖。花常单生，淡粉红色，单瓣。核果球形，径约 1cm，暗红色。花期 4~5 月；果熟期 7~8 月。

地理分布：我国各地常见栽培。

生长习性：喜光，在背阴处叶片色泽不佳。喜温暖湿润；对土壤要求不严，在中性至微酸性土壤中生长最好；抗二氧化硫、氟化氢等有毒气体。较耐湿，是同属树种中耐湿性最强的种类之一。

种植要点：嫁接繁殖，以桃、李、山桃、杏、山杏、梅等为砧木均可。山杏砧较耐涝、耐寒，山桃砧生长旺盛，杏、梅砧寿命长。

园林用途：紫叶李分枝细瘦，树冠扁圆形或近球形，叶片在整个生长季内呈红色或紫红色，是著名的观叶树种，且春季粉色花满树，也颇醒目。适于公园草坪、坡地、庭院角隅、路旁孤植或丛植，也是良好的园路树。所植之处，红叶摇曳，艳丽多姿，令人赏心悦目。

栽植地点：北校南门周边，西礼堂周边。南校办公楼前，学苑食府周边。东校教学楼东侧。

◎ 毛樱桃 *Prunus tomentosa*

识别要点：灌木，小枝被密绒毛。冬芽外被绒毛。叶不裂，叶脉上面凹陷，被密柔毛，下面中脉隆起，密被柔毛，叶质厚。花单生或并生，5基数，花柱及子房壁上有疏绒毛。核果近球形，先端急尖或钝，无明显的腹缝沟，径约1cm，熟时红色或黄色，有毛。花期3月下旬～4月，果熟期6月。

地理分布：主产华北，西南及东北也有分布。

生长习性：喜光，耐寒，耐干旱，对土壤要求不严，对轻度盐碱土也能适应。不耐水涝。根系发达，生长旺盛。

种植要点：播种繁殖。管理简单。

园林用途：绿化观赏。

栽植地点：南校学苑食府东侧，综合楼南侧绿地。树木园。

◎ 樱桃 *Prunus pseudocerasus*

识别要点： 叶宽卵形至椭圆状卵形，具大小不等的尖锐重锯齿，齿尖具小腺体，无芒；叶柄近顶端有2腺体。伞房花序，通常由3~6朵花组成，花白色，略带红晕，5基数，花梗长1.5~2cm。核果近球形，无沟，径1~1.5cm，黄白色或红色。花期4月，果熟期6月。

地理分布： 辽宁南部、黄河流域至长江流域。

生长习性： 喜光，稍耐荫，较耐寒，对土壤要求不严，喜排水良好的沙质壤土，耐瘠薄。萌蘖力强。

种植要点： 分蘖、嫁接繁殖。砧木用实生樱桃、毛樱桃。

园林用途： 樱桃既是著名的果品，也是晚春和初夏观果树种，果实繁密，垂垂欲坠、娇冶多态，布满碧绿的叶丛间，色似赤霞、俨若绛珠。花期甚早，花朵雪白或带红晕，“万木皆未秀，一林先含春。”适于庭院种植，也可于公园、山谷等地丛植、群植。

栽植地点： 北校南门周边。南校护校河北岸，综合楼中间绿地，品慧楼北侧。

◎ 樱花 *Prunus serrulata*

别　　名： 日本樱花

识别要点： 树皮栗褐色，有横裂皮孔。小枝红褐色，无毛。叶有尖锐单锯齿或重锯齿，齿尖刺芒状；叶柄顶端有2~4腺体。伞形或短总状花序由3~6朵花组成；花梗无毛，叶状苞片篦形，边缘有腺齿；花白色至粉红色，5基数。核果球形，黑色，无明显腹缝沟。花期4~5月，果期6~7月。

地理分布： 东北、华北、华东、华中。

生长习性： 喜光，略耐荫；喜温暖湿润气候，但也较耐寒、耐旱。对土壤要求不严，但不喜低湿和土壤粘重之地，不耐盐碱。浅根性。对烟尘的抗性不强。

种植要点： 播种或嫁接繁殖。

园林用途： 与日本晚樱相似。

栽植地点： 北校校医院南侧。

◎ 日本晚樱 *Prunus serrulata var. lannesiana*

识别要点：小枝粗壮。叶先端长尾状，边缘锯齿长芒状；叶柄上部有1对腺体；新叶红褐色。花大型而芳香，单瓣或重瓣，常下垂，粉红色、白色或黄绿色；2~5朵成伞房花序；苞片叶状；花序梗、花梗、花萼、苞片均无毛。花期4月，果期8～9月。

地理分布：原产日本，我国园林普遍栽培。

生长习性：喜光，喜温暖湿润气候，也较耐寒、耐旱。对土壤要求不严，但不喜低湿和土壤粘重之地，不耐盐碱。对大气污染抗性较强。浅根性。

种植要点：嫁接繁殖。砧木用樱桃、实生樱花、桃、杏。

园林用途：樱花妩媚多姿，繁花似锦，既有梅花之幽香，又有桃花之艳丽，是重要的春季花木。树体高大，可孤植或丛植于草地、房前，既供赏花，又可遮荫；也可成片种植或群植成林，则花时缤纷艳丽、花团锦簇。

栽植地点：北校。南校。东校树木园。

◎ 合欢 *Albizia julibrissin*

别　　名： 绒花树

识别要点： 落叶乔木。2回偶数羽状复叶，羽片4~12对，有小叶10~30对；小叶镰刀状长圆形，长6~12mm，宽1.5~4mm，中脉明显偏于一侧。花两性，头状花序再排成伞房状；花萼、花瓣均为黄绿色，5基数；雄蕊多数，花丝细长如缨，粉红色，长2.5~4cm。荚果扁条形。花期6~7月；果熟期9~10月。

地理分布： 东北至华南及西南。

生长习性： 喜光，喜温暖气候，也较耐寒；对土壤要求不严，耐干旱、瘠薄，不耐水涝。

种植要点： 播种繁殖。苗期侧枝发达，分枝点低，常影响主干生长，应当适当密植，并及时剪除侧枝、扶直主干，必要时可截干。

园林用途： 树姿优美，叶形雅致，盛夏时节满树红花，色香俱存，而且绿荫如伞，是一种优良的观花树种。可用作庭荫树和行道树，适植于房前、草坪、路边、水滨、安静的休息区。

栽植地点： 北校南门周边。南校学苑食府南。树木园。

◎ 紫荆 *Cercis chinensis*

识别要点：小乔木或灌木。单叶互生，掌状脉，近圆形，基部心形，先端急尖，全缘，两面无毛，边缘透明，叶柄顶端膨大。花紫红色，4~10朵簇生于老枝上，5数，先叶开放。荚果，沿腹缝线有窄翅。花期4月，果熟期10月。

地理分布：我国长江流域至西南。

生长习性：喜光，较耐寒；对土壤要求不严，在碱性土壤上亦能生长，不耐积水。萌蘖性强。

种植要点：播种、分株、压条繁殖均可，生产上以播种育苗为主。

园林用途：早春先叶开花，花形似蝶，密密层层，满树嫣红，是常见的早春花木，最适于庭院、建筑、草坪边缘、亭廊之侧丛植、孤植，以常绿树丛或粉墙为背景效果更好；若将紫荆与白花紫荆混植，则紫白相间，分外艳丽。

栽植地点：北校4号楼南侧，3号楼南侧。南校品慧楼东侧梳洗河西岸。东校教学楼东侧。

◎ 巨紫荆 *Cercis gigantean*

别　　名：浙江紫荆

识别要点：落叶乔木，高达20m。单叶互生，掌状脉，近圆形，基部心形，先端急尖，全缘，两面无毛，边缘透明，叶柄顶端膨大；叶片长5.5~13cm，宽6~13cm，下面基部有簇生毛。花两性，淡紫红色，7~14朵簇生或着生于一极短的总梗上；花萼5，花瓣5，雄蕊10，花丝分离。荚果条形。花期4月，果熟期9月。

地理分布：主产浙江西天目山，安徽、湖北、广东，南京、杭州有栽培，华北各地栽培生长良好。

生长习性：喜光，也稍耐荫，有较强的抗寒和抗旱能力，在浙江西天目山分布于海拔700~920m地带，但怕水涝；对土壤的适应性强，以疏松肥沃的砂质壤土最为适宜。萌芽力强。

种植要点：播种繁殖。

园林用途：主干高大挺直，叶片宽圆碧绿，早春满树嫣红，绮丽可爱。适于庭院、草坪、园林路角、道路两侧，或门旁窗外作为点缀树种栽植。是优良的行道树。

栽植地点：南校体育馆西北角。北校3号楼南。

◎ 皂荚 *Gleditsia sinensis*

识别要点：落叶乔木。枝刺圆锥形，粗壮，常分枝。1回偶数羽状复叶，小叶3~7（9）对，叶缘有细密锯齿，上面网脉明显凸起，两个顶叶较大。花杂性，黄白色。荚果肥厚，直而扁平，棕黑色，经冬不落。花期5~6月，果期10月。

地理分布：东北至西南、华南。

生长习性：喜光，稍耐荫；颇耐寒；对土壤酸碱度要求不严，酸性、石灰质土壤和盐碱地均可生长。深根性，生长较慢，寿命长。

种植要点：播种繁殖。

园林用途：树冠宽广，叶密荫浓，可植为绿荫树，宜孤植或丛植，也可列植或群植。果实富含皂素，可代皂用，洗涤丝绸不损光泽。果荚、刺、种子入药。

栽植地点：北校南门周边，6号公寓东侧。南校学苑食府南。树木园。

◎ 山皂荚 *Gleditsia japonica*

别　　名：日本皂荚

识别要点：落叶乔木。枝刺扁而细；一年生枝紫皮脱落。1~2回偶数羽状复叶，小叶全缘或有疏浅锯齿；花杂性，黄白色；荚果带状，扭转或弯曲作镰刀状，红褐色，质地薄。花期5～6月，果期9～10月。

地理分布：辽宁、华北和华东。

生长习性：与皂荚相似。

种植要点：播种繁殖。

园林用途：树冠宽广，叶密荫浓，可植为绿荫树，宜孤植或丛植，也可列植或群植。

栽植地点：南校区体育馆西北侧。北校6号公寓东侧。树木园。

◎ 北美肥皂荚 *Gymnocladus dioeca*

识别要点： 高达30m，径1.2 m。树皮薄片状开裂。小枝红褐色、粗壮、疏生皮孔。冬芽常叠生，无顶芽。大型二回偶数羽状复叶，长达35cm，有羽片5~7对，每羽片有小叶6~14枚。小叶卵形或长圆形，先端具芒状尖头，基部偏斜。花杂性，雌花为顶生圆锥花序，长达25cm；雄花序簇生叶腋，花绿白色，雄蕊10枚，2体，5长5短。荚果圆状弯镰形，肥厚膨胀，长15~25cm。种子扁圆形，径1.5~2cm。花期5~6月，果熟10月。

地理分布： 原产加拿大的东南部和美国东北部，南京、杭州、青岛、泰安有引种，生长良好。

生长习性： 喜光，喜温暖、湿润气候和深厚肥沃的砂质壤土，抗旱力强。生长快。

种植要点： 种子和插根繁育。

园林用途： 树干通直，树冠广展，羽叶庞大，花色清秀，是良好的庭荫树、行道树。适植于草坪、河边、池畔、假山、路侧等处。目前园林绿化尚未广泛应用。优质用材树种。

栽植地点： 北校1号楼北侧。树木园。

◎ 云实 *Caesalpinia decapetala*

识别要点：落叶攀援灌木。茎、枝、叶轴上均有倒钩刺。二回偶数羽状复叶，羽片3~10对；小叶两端钝圆，表面绿色，背面有白粉。总状花序顶生，长15~35cm；花瓣黄色，盛开时反卷，最下一瓣有红色条纹。荚果长椭圆形，肿胀，略弯曲，先端圆，有喙。花期4~5月，果期9~10月。

地理分布：原产亚洲热带和亚热带，我国秦岭以南至华南广布。

生长习性：喜光，不择土壤，常生于山岩石缝，耐干旱瘠薄，适应性强。

种植要点：播种或压条繁殖。

园林用途：花色优美，花序宛垂，是优良的垂直绿化材料，可用作棚架和矮墙绿化，也可植为刺篱，花开时一片金黄，极为美观，在黄河以南各地园林中常见栽培。

栽植地点：树木园。

◎ 国槐 *Sophora japonica*

别　　名： 国槐，家槐

识别要点： 小枝绿色，皮孔明显。小叶卵形至卵状披针形，先端尖，背面有白粉和柔毛。圆锥花序顶生；花黄白色。荚果串珠状，肉质不开裂；种子肾形或矩圆形，黑色。花期6～9月，果熟期10～11月。

地理分布： 华北和黄土高原地区常见。

生长习性： 弱阳性；喜深厚肥沃而排水良好的沙质壤土，但在石灰性、酸性及轻度盐碱土上也可生长。耐干旱、瘠薄的能力不如刺槐，不耐水涝。抗污染，对二氧化硫、氯气、氯化氢等有毒气体抗性较强。萌芽力强，耐修剪。

种植要点： 播种繁殖，一般4~5年出圃。

园林用途： 国槐是华北地区的乡土树种，是北方最重要的行道树和庭荫树，栽培历史悠久，各地常见千年古树。

栽植地点： 北校望岳路。南校学苑食府东侧。东校教学区。

◎ 龙爪槐 *Sophora japonica f. pendula*

别　　名：垂槐

识别要点：小枝弯曲下垂，树冠呈伞形。叶花果同国槐。

地理分布：南北各省广泛栽培。

生长习性：同国槐。

种植要点：用国槐作砧木嫁接繁殖。

园林用途：龙爪槐又名垂槐、盘槐，树形古朴、枝柯纠结，性柔下垂，密如覆盘，常成对植于宅第之傍、祠堂之前，颇有庄严气势。

栽植地点：北校1号楼南。南校办公楼南，图信楼南。东校树木园。

◎ 白刺花 *Sophora davidii*（*Sophora viciifolia*）

别　　名：马蹄针

识别要点：落叶灌木，枝条棕褐色，顶端具刺尖。小枝绿色，被平伏柔毛。奇数羽状复叶互生，小叶11~21枚，椭圆形，全缘，托叶针刺状，宿存。顶生总状花序，花蓝白色。荚果串珠状，端具长喙。花期5~6月；果期9~10月。

地理分布：西北、华北及西南地区均有野生。

生长习性：强阳性树种，不耐庇荫，极耐干旱瘠薄。在疏松的砂质壤土上生长良好。

种植要点：播种繁育为主，扦插也可。加强整形修剪，促进树形美观。

园林用途：本种枝叶密集，针刺叠生，为水土保持的良好灌木树种。花时蓝白色小花布满树冠，入秋串珠状荚果美丽非凡，在园林绿化中可用于坡地、溪边、林缘作为隔离保护带。

栽植地点：树木园。

◎ 刺槐 *Robinia pseudoacacia*

别　　名： 洋槐

识别要点： 树皮灰褐色，纵裂。小叶椭圆形，叶端钝或微凹，有小尖头；有托叶刺。花白色，芳香，旗瓣基部常有黄色斑点。荚果红褐色；种子黑色，肾形。花期5月；果期10～11月。

地理分布： 原产美国东部，全国广泛栽植。

生长习性： 强阳性，幼苗也不耐庇荫；喜干燥而凉爽环境，对土壤要求不严，在酸性、中性、石灰性和轻度盐碱土上均可生长。耐干旱瘠薄，不耐水涝。萌芽力、萌蘖力强。浅根性，抗风能力差。

种植要点： 播种繁殖，也可用分株、根插繁殖。

园林用途： 刺槐花朵繁密而芳香，绿荫浓密，在庭院、公园中可植为庭荫树、行道树，在山地风景区内宜大面积造林。花可食，是著名的蜜源植物。

栽植地点： 北校3号楼南侧绿地，1号楼北侧树林。

◎ 红花刺槐 *Robinia pseudoacacia f.decaisneana*

识别要点：红花刺槐是刺槐的变型。其特点是：花冠粉红色。其他形态、分布、习性、用途等与刺槐相似。花期5月；果期10月。

栽植地点：北校1号楼北侧树林内。

◎ 香花槐 *Robinia pseudoacacia* ‘Idaho’

识别要点：香花槐是刺槐的观赏品种。其特点是：落叶乔木，高达15m，树干褐色至灰褐色。小叶较大，深绿色，有光泽；花大，红色，浓郁芳香。花期5月；果期10月。原产西班牙，我国北方园林多有栽植。埋根或扦插繁殖。优良观花树种，可作庭荫树、行道树。其余与刺槐相似。

栽植地点：北校水土学院。南校图信楼北侧，林学实验站。树木园。

◎ 毛刺槐 *Robinia hispida*

识别要点：茎、小枝、花梗和叶柄均有红色刺毛；托叶不变为刺状。小叶宽椭圆至近圆形。3~7朵组成稀疏的总状花序，花大，粉红或紫红色，具红色硬腺毛。荚果具腺状刺毛。花期6～9月。

地理分布：原产北美，东北南部及华北常见栽培。

生长习性：与刺槐相似。

种植要点：嫁接繁殖，砧木为刺槐。

园林用途：花朵大而花色艳丽，以刺槐为砧木高接可形成小乔木，作园路树用，低接可供路旁、庭院、草地边缘丛植赏花。

栽植地点：北校4号楼周边。树木园。

◎ 黄檀 *Dalbergia hupeana*

识别要点：树皮条状纵裂，小枝无毛。小叶互生，9~11枚，长圆形至宽椭圆形，叶端钝圆或微凹，叶基圆形，两面被伏贴短柔毛；托叶早落。圆锥花序顶生；花冠淡紫色或黄白色。荚果长圆形，种子1~3粒。花期5~7月，果期9~10月。

地理分布：产华东、华中、华南及西南各地。

生长习性：喜光，耐干旱瘠薄，在酸性、中性及石灰性土壤上均能生长；深根性，萌芽性强，由于春季发叶迟，故又名“不知春”。

繁殖方法：播种繁殖。

园林用途：宜作荒山荒地的绿化先锋树种，亦可作培养紫胶虫的寄主树。

栽植地点：北校4号楼南。树木园。

◎ 紫藤 *Wisteria sinensis*

识别要点：木质藤本，茎枝为左旋生长。小叶通常11枚，卵状披针形，先端渐尖，幼叶密生平贴白色细毛，后变无毛。花序长15~30cm，花蓝紫色，长约2.5~4cm，旗瓣圆形，基部有2胼胝体状附属物。荚果密生灰黄色绒毛。花期4月，果熟9~10月。

地理分布：黄河、长江流域。

生长习性：喜光，略耐荫；较耐寒。喜深厚肥沃而排水良好的土壤，有一定的耐干旱、瘠薄和水湿能力。主根发达，侧根较少，不耐移植。

种植要点：播种、扦插、压条、分蘖繁殖。

园林用途：紫藤是著名的凉廊和棚架绿化材料，庇荫效果好，春季先叶开花，花穗大而紫色，可形成绿蔓浓密、紫袖垂长、碧水映霞、清风送香的引人入胜的景观。紫藤还可以装饰枯死的古树，给人以枯木逢春之感。

栽植地点：北校5号楼南。东校。南校，品慧楼东侧。

◎ 胡枝子 *Lespedeza bicolor*

识别要点：灌木，高达3m，分枝细长而多，常拱垂，小枝具棱。三出复叶，小叶卵状椭圆形至宽椭圆形，顶生小叶长3~6cm，侧生小叶较小；先端圆钝或凹，有芒尖，两面疏生平伏毛。总状花序腋生，总梗比叶长；花红紫色；花梗、花萼密被柔毛，萼齿较萼筒短。荚果斜卵形，长6~8mm，有柔毛。花期7~9月，果期9~10月。

地理分布：产东北、华北、西北至华中等地，常生于海拔1000m以下的山坡、林缘和灌丛中。

生长习性：喜光，也稍耐荫；耐寒，耐干旱瘠薄。根系发达，萌芽力强。有根瘤菌，可固氮。

种植要点：播种或分株繁殖。

园林用途：株丛茂盛，叶色鲜绿，花朵紫红繁密，盛开于夏秋，是一种极富野趣的花木，适于配植在自然式园林中，可丛植于水边、山石间、坡地、林缘等处，也是优良的防护林下木树种和水土保持植物。

栽植地点：树木园。

◎ 多花胡枝子 *Lespedeza floribunda*

识别要点：小灌木，高60~100cm；分枝有白色柔毛。三出复叶，小叶倒卵形或倒卵状矩圆形，长10~25mm，宽4~10mm，先端微凹，有短尖，上面无毛，下面有白色柔毛，侧生小叶较小；叶柄长约7mm。总状花序腋生，花梗无关节；无瓣花簇生叶腋，无花梗；萼齿5，披针形，疏生白色柔毛；花冠蓝紫色。荚果卵状菱形，长约5mm，宽约3mm，有柔毛。花期9月，果期10月。

地理分布：产东北、华北、西北至华中等地。

生长习性：喜光，也稍耐荫；耐寒，耐干旱瘠薄，适应性极强。根系发达，萌芽力强，移栽易成活。有根瘤菌，可固氮。

种植要点：播种或分株繁殖。

园林用途：株丛茂盛，枝条披垂，叶色鲜绿；花朵蓝紫色繁密，淡雅秀丽，盛开于中秋，弥补秋季花色的不足，是一种极富野趣的花木。适于配植在自然式园林中，可丛植于山石间、坡地、林缘等各处，也可植于庭园观赏。根系发达，有根瘤菌，也是优良的水土保持植物。

栽植地点：南校林学实验站。树木园。

◎ 红花锦鸡儿 *Caragana rosea*

识别要点：高达1m。托叶宿存并硬化成针刺，长3~4mm。偶数羽状复叶，小叶2对，假掌状，叶轴顶端呈刺状；小叶长圆状倒卵形，长1~2.5cm，宽4~10mm。花梗有关节；花冠长约2cm，黄色，龙骨瓣玫瑰红色，凋谢时变红色。荚果筒状，长达6cm。花期4~5月，果期7~8月。

地理分布：产东北、华北、华东至西部。

生长习性：喜光，耐寒性强；耐干旱瘠薄，不耐湿涝。根系发达，萌芽力和萌蘖力强。有根瘤菌，可固氮。

种植要点：播种，也可分株、压条、根插。

园林用途：叶色鲜绿，花朵红黄而悬于细梗上，花开时节形如飞燕。宜植为花篱，且其托叶和叶轴先端均呈刺状，兼有防护作用；是瘠薄山地重要的水土保持灌木。

栽植地点：树木园。

◎ 紫穗槐 *Amorpha fruticosa*

别　　名：棉槐

识别要点：丛生灌木，枝条直伸，青灰色；冬芽2~3叠生。小叶11~25枚，长椭圆形，长2~4cm，先端有小短尖，具透明油腺点。顶生密集总状花序；萼钟状，5齿裂；花冠蓝紫色，仅存旗瓣，翼瓣及龙骨瓣退化；雄蕊10，2体，或花丝基部连合，花药黄色，伸出花冠外。荚果短镰形，长7~9mm，密生油腺点，不开裂，1粒种子。花期4~5月，果期9~10月。

地理分布：原产北美。约20世纪初引入我国，东北、华北、西北，南至长江流域、浙江、福建均有栽培，已呈半野生状态。

生长习性：喜光，耐寒，在最低气温达−40℃的地区仍能生长；耐水淹；对土壤要求不严，耐盐碱，在土壤含盐量0.3~0.5%时也可生长。生长迅速，萌芽力强，有根瘤菌。

种植要点：分株、扦插或播种繁殖。

园林用途：适应性强，生长迅速，枝叶繁密，是优良的固沙、防风和改良土壤树种，可广泛用作荒山、荒地、盐碱地、低湿地、海滩、河岸、公路和铁路两侧坡地的绿化，园林中也可植为自然式绿篱。

栽植地点：树木园。

◎ 吉氏木蓝 *Indigofera kirilowii*

别　　名：花木蓝。

识别要点：落叶灌木，幼枝灰绿色，被丁字毛。奇数羽状复叶，小叶7~11枚，全缘，宽卵形或椭圆形，先端圆或钝，两面有白色丁字毛，先端常有芒尖。总状花序腋生；花冠蝶形，淡紫红色，长约1.5cm。荚果圆柱形，棕褐色。花期5~6月；果期9~10月。

地理分布：产吉林、辽宁、河北、山东、江苏等地，日本、朝鲜也有分布。

生长习性：喜光，耐寒，耐干旱瘠薄。适应性强。

种植要点：播种繁殖。

园林用途：花大而艳丽，花期长，宜植于庭园观赏。

栽植地点：林学实验站。树木园。

◎ 胡颓子 *Elaeagnus pungens*

别　　名：羊奶子。

识别要点：常绿灌木；株丛圆形至扁圆形；枝条有褐色鳞片，常有刺。叶椭圆形至长椭圆形，革质，边缘波状或反卷，背面有银白色及褐色鳞片。花1~3朵腋生，下垂，银白色，芳香。核果状坚果，椭球形，红色，被褐色鳞片。花期9~11月；果期翌年4~5月。栽培品种：金边胡颓子（'Aurea'），叶缘深黄色，其他部分绿色。金心胡颓子（'Fredericii'）叶片稍小而狭，边缘暗绿色，中央深黄色。

地理分布：产长江以南各省；日本也有分布。

生长习性：喜光，也耐荫；对土壤要求不严，在湿润、肥沃、排水良好的土壤中生长最佳。耐干旱瘠薄。萌芽、萌蘖性强，耐修剪。有根瘤菌。

种植要点：播种或扦插繁殖。适时修剪，保持树形。

园林用途：株形自然，花香果红，银白色腺鳞在阳光照射下银光点点。适于草地丛植，也用于林缘、树群外围作自然式绿篱，点缀于池畔、窗前、石间亦甚适宜。

栽植地点：树木园。

◎ 牛奶子 *Elaeagnus umbellata*

识别要点：落叶灌木，枝开展，常具刺，幼枝密被银白色和淡褐色鳞片。叶卵状椭圆形至椭圆形，长3~5cm，边缘波状，有银白色和褐色鳞片。花黄白色，有香气。核果状坚果近球形，径5~7mm，红色或橙红色。花期4~5月；果熟期9~10月。

地理分布：产东北南部、华北、西北至长江流域、西南各省区。

生长习性：喜光，适应性强，耐旱，耐瘠薄，萌蘖性强，多生于向阳林缘、灌丛、荒山坡地和河边沙地。

种植要点：播种、分株、扦插繁殖。

园林用途：枝叶茂密，花香果黄，叶片银光闪烁，园林中常用作观叶观果树种，可增添野趣，极适合作水土保持及防护林。

栽植地点：南校林学实验站。树木园。

◎ 紫薇 *Lagerstroemia indica*

别　　名：百日红，痒痒树

识别要点：树皮光滑，枝干多扭曲。叶椭圆形，全缘。大型圆锥花序顶生，花蓝紫色至红色，花萼、花瓣均为6枚，雄蕊多数，外轮6枚特长。蒴果，近圆球形，6裂。花期6～9月，果期10～11月。

地理分布：东北南部、华北至华南、西南。

生长习性：喜光，稍耐荫；喜温暖气候；喜肥沃湿润而排水良好的石灰性土壤，在中性至微酸性土壤上也可生长。耐干旱，忌水涝。萌蘖性强。生长较慢。

种植要点：播种、扦插、分蘖繁殖。

园林用途：树姿优美，树干光洁古朴，花期长而且开花时正值少花的盛夏，是著名花木。紫薇可修剪成乔木型，于庭园门口、堂前对植，路旁列植，或草坪、池畔丛植、孤植；也可修剪成灌木状，专用于丛植赏花，植于窗前、草地无不适宜。在西南地区，常制成花瓶、牌坊、亭桥等多种形状。

栽植地点：北校南门周边，5号楼南，4号楼南。南校综合楼南，校门北侧绿地。

◎ 福建紫薇 *Lagerstroemia limii*

识别要点： 树皮不规则浅纵裂。小枝密生短毛，无狭翅。单叶对生或近对生，长卵形至卵状长椭圆形，长10～15cm，宽4～6cm，叶上面暗绿色，疏生短毛，下面黄绿色，密生茸毛。花梗密生长柔毛，萼基部有6个附属器，棒状，并与裂片互生；花瓣粉红色。蒴果椭圆状柱形，5～6瓣裂。花期6~9月，果期10月。

地理分布： 福建、浙江、湖北。

生长习性： 同紫薇。

种植要点： 播种、扦插、分蘖繁殖。

园林用途： 绿化观赏。

栽植地点： 北校5号楼南侧，6号公寓北侧。南校校医院东侧。

◎ 南紫薇 *Lagerstroemia subcostata*

识别要点：落叶小乔木或灌木；树皮灰白色或茶褐色，平滑。叶矩圆状披针形，长2~10cm，宽1~5cm，顶端渐尖，基部阔楔形，上面通常无毛，下面无毛或微被柔毛，有时脉腋间有丛毛，中脉在上面略下陷，在下面凸起。圆锥花序，花白色或玫瑰色，密生；花萼5裂；花瓣6，皱缩，有爪。蒴果椭圆形，长6~8mm，3~6瓣裂。花期6~8月，果期7~10月。

地理分布：产台湾、广东、广西、湖南、湖北、江西、福建、浙江、江苏、安徽、四川及青海等省区。

生长习性：喜光，稍耐荫；喜温暖气候；喜湿润肥沃的土壤。常生于林缘、溪边。萌蘖性强。生长较慢。

种植要点：播种、扦插、分蘖繁殖。

园林用途：绿化观赏。

栽植地点：树木园。

◎ 石榴 *Punica granatum*

识别要点：灌木或小乔木，幼枝四棱形，顶端多为刺状。叶倒卵状长椭圆形。萼钟形，红色或黄白色，肉质；花瓣红色、白色或黄色，多皱；子房上部5~7室为侧膜胎座，下部3~7室为中轴胎座。榴果近球形，外种皮肉质多汁。花期5 ~ 6月，果期9 ~ 10月。

地理分布：原产巴尔干半岛至伊朗，全球温带和热带都有种植。

生长习性：喜光，喜温暖气候，可耐−20℃的低温；喜深厚肥沃、湿润而排水良好的石灰质土壤，但可适应pH值4.5~8.2的范围；耐旱。

种植要点：扦插为主。播种、分株、压条、嫁接均可。

园林用途：在我国传统文化中，以石榴"万子同苞"，象征着子孙满堂、多子多孙，被视为吉祥的植物，故庭院中多植。对植于门口、房前；也可植为园路树。在大型公园中，可结合生产群植。矮生品种可植为绿篱，或配植于山石间，还可盆栽观赏。西安市市花。

栽植地点：北校水土学院，西礼堂周边。南校1号公寓楼前，梳洗河东岸。东校图书楼北侧。

◎ 八角枫 *Alangium chinense*

识别要点：落叶灌木或小乔木，高3~5m，稀达15m。树皮灰色，平滑；小枝呈“之”字形曲折，幼枝被毛。单叶互生，近圆形或宽卵形、卵形，全缘或微浅裂，先端渐尖，基部偏斜，掌状脉3～5条；叶柄带红色，长4~6cm。聚伞花序腋生，有花3~15朵，黄白色，有芳香；花径约2cm，花萼4~7枚；花瓣6~8枚，披针形，长1~1.5cm；雄蕊6~8枚。核果椭圆形，熟时蓝黑色。花期5～7月，果期9～10月。

地理分布：产华南、西南、长江流域至华北北部。

生长习性：较耐荫，喜温暖湿润气候，也颇耐寒。萌蘖力强，根系发达。

种植要点：播种繁殖。

园林用途：枝条平展，冠形自然，花朵白色芳香，叶柄红色，秋季霜叶橙黄悦目，可栽培观赏。

栽植地点：北校6号男生公寓周边。南校体育场北侧。林学实验站。

◎ 喜树 *Camptotheca acuminata*

识别要点：落叶乔木；小枝绿色，髓心片隔状。单叶互生，椭圆形，长12~28cm，宽6~12cm，全缘或微波状，羽状脉弧形；叶柄常带红色。花单性同株，头状花序常数个组成总状复花序，上部为雌花序，下部为雄花序，淡绿色。翅果，集生成球形。花期5~7月；果熟期9~10月。

地理分布：长江流域至华南、西南。

生长习性：喜光，幼树稍耐荫。喜温暖湿润气候，不耐干燥寒冷。深根性，喜肥沃湿润土壤，不耐干旱瘠薄，在酸性、中性、弱碱性土壤上均可生长，在石灰岩风化的土壤和冲积土上生长良好。较耐水湿。生长速度快。

种植要点：播种繁殖。

园林用途：树姿雄伟，花朵清雅，果实集生成头状，新叶常带紫红色，是优良的行道树、庭荫树。既适合庭院、公园和风景区造景应用，也是常用的公路树和堤岸、河边绿化树种。

栽植地点：北校区5号楼前青年广场。

◎ 毛梾 *Swida walteri*

别　　名： 车梁木

识别要点： 树皮黑褐色，深纵裂。叶对生，侧脉4～5对，叶缘全缘，波浪状，下面疏生柔毛。伞房状复聚伞花序，顶生；花4数；核果黑色。花期5~6月；果期9~10月。

地理分布： 东北南部、华北、华东、华中、华南、西南。

生长习性： 喜光、耐寒、能忍受-23℃的低温。抗干旱，耐瘠薄，适应性强。对土壤要求不严，在干旱瘠薄的石灰岩山区生长良好。根系发达，萌芽力强，抗病虫。速生树。

种植要点： 果皮含油率高达30%，先除皮榨油，然后将种子混沙碾压破碎其坚硬种皮，再用草木灰水搓洗，混沙层积贮藏，即可顺利出苗。

园林用途： 树姿整齐，花色洁白，可供公园、庭园、住宅区的草坪、广场、庭院一隅孤植或列植。是优良的庭荫树、行道树。果实可榨食用油。

栽植地点： 北校南门东北区，文理楼南，西礼堂周边。南校校门景石西侧，梳洗河东岸，教职工生活区。树木园。

◎ 红瑞木 *Swida alba*

识别要点：灌木。树皮暗红色，小枝血红色。叶对生，全缘，卵形，下面粉绿色，侧脉4~6对，两面疏生柔毛。花小，4数，黄白色。核果长圆形，熟时乳白色。花期5~6月；果期9~10月。

地理分布：东北、华北、华东、西南。

生长习性：喜光、耐寒，喜湿润土壤，也耐旱。

种植要点：播种、扦插、分株繁殖。

园林用途：枝条终年红色，叶片经霜亦变红，观赏期长，尤其冬季白雪中衬以血红色的枝条，灿若珊瑚，极为美观。可与棣棠、梧桐、竹类等绿枝树种或常绿树种相配，在冬季衬以白雪，可相映成趣，得红绿相映之效；也可栽作自然式绿篱，赏其红枝与白果。红瑞木也是良好的切枝材料。

栽植地点：北校西礼堂周边。南校学苑食府南侧花园。

◎ 灯台树 *Bothrocaryum controversum*（*Swida controversum*）

识别要点：落叶乔木，高达20m。大枝平展，轮生，成层分布；当年生枝紫红色。单叶互生，常集生枝顶，广卵形，侧脉 6~8对，表面叶脉凹下，背面灰绿色，疏生平伏短柔毛。伞房状聚伞花序，花白色，4数。核果球形，成熟时由紫红色变蓝黑色，果核顶端有一方形孔穴。花期5～6月；果熟期7～9月。

地理分布：东北南部、黄河流域、长江流域至华南、西南。

生长习性：喜光，稍耐荫；喜温暖湿润气候，也颇耐寒；喜肥沃湿润而排水良好的土壤。

种植要点：播种、扦插繁殖。

园林用途：树形齐整，大枝平展、轮生，层层如灯台，形成美丽的圆锥形树冠，是一优美的观形树种，而且姿态清雅，叶形雅致，花朵细小而花序硕大，白色而素雅，平铺于层状枝条上，花期颇为醒目，树形、叶、花、果兼赏，惟以树形最佳，适宜孤植于庭院、草地。是优良的庭荫树、行道树。

栽植地点：北校8号楼南。南校护校河北侧。树木园。

◎ 山茱萸 *Cornus officinalis*

识别要点：落叶乔木，高达10m；树皮灰褐色。叶对生，卵状椭圆形，下面脉腋有褐色簇生毛，侧脉6~8对。伞形花序有花15~35朵，总苞黄绿色，花瓣金黄色，先花后叶。核果红色或紫红色。花期3月；果期8~10月。

地理分布：华东至黄河中下游地区。

生长习性：喜肥沃湿润土壤，在干燥瘠薄环境中生长不良。

种植要点：播种繁殖。

园林用途：早春先叶开花，花朵细小但花色鲜黄，极为醒目，秋季果实红艳，宛如红花，是优美的观果和观花树种。果实入药。

栽植地点：南校综合楼北。树木园。

◎ 桃叶卫矛 *Euonymus maackii*（*Euonymus bungeanus*）

别　　名：丝棉木

识别要点：落叶乔木。小枝绿色，光滑无毛。叶对生，卵状椭圆形，有细锯齿，无毛；叶柄长2~3cm。花4数，淡绿色。蒴果倒卵形，直径9~10mm，粉红色，4深裂；种子具橘红色假种皮。花期5月；果熟期10月。

地理分布：东北、内蒙古、华北以南各地。

生长习性：喜光，稍耐荫；耐寒，对土壤要求不严；耐干旱，也耐水湿，以肥沃、湿润而排水良好的土壤生长最佳。根系发达，抗风力强。

种植要点：播种繁殖，亦可分株、扦插。

园林用途：枝叶秀丽，春季满树繁花，秋季红果累累，在枝条上悬挂甚久，而且果实开裂后露出鲜红或橘红色的种子，是优良的观果植物。宜植于林缘、路旁、草坪、湖边等处，也适于庭院绿化。

栽植地点：北校南门东北区，6号公寓周边。南校体育馆西南侧，校医院东侧。

◎ 卫矛 *Euonymus alatus*

识别要点：落叶灌木，全体无毛。小枝具2~4列木栓翅；叶对生，倒卵形或倒卵状长椭圆形，叶柄极短，长1~3mm。蒴果4深裂，或仅1~3个心皮发育，棕紫色；种子褐色，有橘红色假种皮。花期5~6月；果期9~10月。

地理分布：除新疆、青海、西藏外，全国各地均产。

生长习性：喜光，也耐荫；耐干旱瘠薄，耐寒，耐修剪。

种植要点：分株、扦插或播种繁殖。

园林用途：秋叶紫红色，鲜艳夺目，落叶后紫果悬垂，开裂后露出橘红色假种皮，绿色小枝上着生的木栓翅也很奇特，日本称为“锦木”。可孤植、丛植于庭院角隅、草坪、林缘。

栽植地点：树木园。

◎ 大叶黄杨 *Euonymus japonicus*

识别要点：常绿灌木。小枝绿色，稍有四棱。叶对生，厚革质，有光泽，倒卵形，先端尖或钝，基部楔形，锯齿钝。花序1~2回二歧分枝；花绿白色，4基数。蒴果扁球形，淡粉红色，四瓣裂。种子有橘红色假种皮。花期6~7月；果熟期10月。

地理分布：原产日本南部和我国浙江舟山，各地广为栽培。

生长习性：喜温暖湿润的海洋性气候，有一定的耐寒性，在最低气温-17℃时枝叶受害；较耐干旱瘠薄，不耐水湿。萌芽力强，极耐修剪。对各种有毒气体和烟尘抗性强。

种植要点：扦插繁殖，也可播种、压条、嫁接。

园林用途：四季常绿，树形齐整，是园林中最常见的观赏树种。常用作绿篱，也适于整形修剪成方形、圆形、椭圆形等各式几何形体，或对植于门前、入口两侧，或植于花坛中心，或列植于道路、亭廊两侧、建筑周围，或点缀于草地、台坡、桥头、树丛前，均甚美观，也可作基础种植材料或丛植于草地角隅、边缘。

栽植地点：北校2号楼、3号楼周边，西礼堂周边。南校体育馆西。东校教学楼北侧。

◎ 北海道黄杨 *Euonymus japonicus* 'Hokkaido'

识别要点：北海道黄杨是大叶黄杨的杂交种。常绿乔木，高达10m。叶卵形或长椭圆形，革质，正面深绿色，背面浅绿色，叶缘钝锯齿。花浅黄绿色，4基数。蒴果近球形，有4浅沟，直径1~2cm，果嫩时呈浅绿色，向阳面为褐红色；成熟时果皮开裂，露出橙红色假种皮的种子。花期6月，果熟期10月。

地理分布：原产日本，1986年从日本北海道市引入我国，现长江流域至华北多有栽培。

生长习性：喜光，亦较耐荫，耐寒性强，抗污染，适生于肥沃、疏松、湿润之地，酸性土、中性土或微碱性土均能适应。萌生性强，较耐修剪。

种植要点：扦插繁殖。

园林用途：树冠呈美丽的绿色，入秋后，满树成熟的果实，露出红色的假种皮，成串红色的果实镶嵌在绿叶丛中，即使在干冷的严冬，整个树冠仍呈美丽的绿色，绿叶红果，观赏价值极高。北海道黄杨树姿挺拔、四季常青，耐修剪整形，适作高篱。配置方式与大叶黄杨近似。

栽植地点：南校品慧楼周边。

◎ 扶芳藤 *Euonymus fortunei*

识别要点：常绿藤本，靠气生根攀援。小枝密生小瘤状突起。叶椭圆形，钝锯齿，表面浓绿色，背面叶脉显著，叶片入冬紫褐色。花序3~4次分枝，花序最终小聚伞密集，有花4~7朵；花梗长2~4mm；花绿白色，径约4mm。蒴果近球形，径约6~12mm，黄红色，稍有4凹线；种子有橘黄色假种皮。花期6月；果熟期10月。

地理分布：黄河以南至长江流域。

生长习性：耐荫，也可在全光下生长；喜温暖湿润，也耐干旱瘠薄；较耐寒，在北京、河北等地可露地越冬；对土壤要求不严。

种植要点：扦插繁殖。

园林用途：生长迅速，枝叶繁茂，叶片入冬红艳可爱，气生根发达，吸附能力强。适于美化假山、石壁、墙面、栅栏、灯柱、树干、石桥、驳岸，也是优良的地被和护坡植物。尤其是小叶扶芳藤枝叶稠密，用作地被时可形成绿色地毯一般的覆盖层。

栽植地点：南校综合楼北侧，体育馆北侧。

◎ 小叶扶芳藤 *Euonymus fortunei* 'Minimus'

识别要点： 小叶扶芳藤，枝细。叶小，卵状披针形。叶片入冬紫褐色。

地理分布： 北京以南至长江流域。

生长习性： 耐荫，也可在全光下生长；喜温暖湿润，也耐干旱瘠薄；较耐寒，在北京、河北等地可露地越冬；对土壤要求不严。

种植要点： 扦插繁殖。

园林用途： 是优良的地被和护坡植物。用作地被时可形成绿色地毯一般的覆盖层。尤其冬季，紫褐色一片。

栽植地点： 北校西礼堂北侧。南校实验楼A楼与B楼之间，职工食堂南侧有栽植。树木园。

◎ 胶州卫矛 *Euonymus kiautschovicus*

识别要点：半常绿攀援灌木，长达6m，有气生根，幼时直立状。叶片倒卵形，长5~8cm，宽2~4cm，叶柄长5~8mm。聚伞花序较疏松，有花约15朵，2~3次分枝；分枝和花梗较长，花梗长5~8mm。蒴果粉红色，扁球形，径约1cm。

较扶芳藤株形高大，适于墙垣式造景，沿矮墙、栅栏栽植，可形成绿墙，具有美化和隔景作用，也可攀援墙面。

分布、习性、繁殖、用途同扶芳藤相似。

栽植地点：北校8号楼南。

◎ 南蛇藤 *Celastrus orbiculatus*

识别要点：落叶木质藤本，茎缠绕。小枝圆，皮孔粗大而隆起，枝髓白色充实。叶互生，近圆形，先端突尖，基部近圆形，锯齿细钝。花杂性异株，花序腋生，间有顶生，具 3~7 朵花；花黄绿色，5 数，内生花盘；子房 3 室。蒴果橙黄色，球形；种子白色，有红色肉质假种皮。花期 4~5 月；果期 9~10 月。

地理分布：产东北、华北、西北至长江流域各地；常生于山地沟谷、林缘和灌丛中。

生长习性：性强健，喜光，也耐半荫；耐寒，对土壤要求不严。

种植要点：播种、扦插、压条繁殖。

园林用途：叶片经霜变红，果实黄色，开裂后露出鲜红色的种子，园林中应用颇具野趣，可供攀附花棚、绿廊或缠绕老树，也适于湖畔、溪边、坡地、林缘及假山、石隙等处丛植。

栽植地点：树木园。

◎ 枸骨 *Ilex cornuta*

别　　名：鸟不宿

识别要点：常绿灌木。叶硬革质，矩圆状四方形，顶端有3枚大而尖的硬刺齿，基部两侧各有1~2枚大刺齿；大树树冠上部的叶常全缘，基部圆形，表面深绿色，有光泽，背面淡绿色。聚伞花序，黄绿色。核果球形，鲜红色。花期4~5月，果期10~11月。

地理分布：长江中下游各省。

生长习性：喜光，稍耐荫；喜温暖气候和肥沃、湿润而排水良好的微酸性土；较耐寒，在黄河以南可露地越冬；对有毒气体有较强的抗性。生长缓慢，萌发力强，耐修剪。

种植要点：多采用播种或扦插繁殖。种子需沙藏，春播。

园林用途：枝叶稠密，叶形奇特，果实红艳且经冬不凋，叶片有锐刺，兼有观果、观叶、防护和隐蔽之效，宜作基础种植材料或植为高篱，也可修剪成型，孤植于花坛中心，对植于庭院、路口或丛植于草坪观赏。老桩可制作盆景。

栽植地点：北校16号楼周边。水土学院。树木园。

◎ 黄杨 *Buxus sinica*

识别要点：常绿灌木；小枝四棱形。叶对生，厚革质，倒卵状椭圆形，通常中部以上最宽，先端圆钝或微凹，基部楔形，表面深绿色而有光泽，背面淡黄绿色。花单性，同株，簇生；单被花；黄绿色。柱头3裂。蒴果，3裂，花柱宿存。花期3~4月，果期7~8月。

地理分布：华东、华中及华北。

生长习性：喜半荫，喜温暖气候和肥沃湿润的中性至微酸性土壤，也较耐碱，在石灰性土壤上能生长。生长缓慢，耐修剪。抗烟尘，对多种有害气体抗性强。

种植要点：播种、压条或扦插繁殖。

园林用途：枝叶扶疏，终年常绿，叶片小，耐修剪，也较耐荫，最适于作绿篱和基础种植材料，或与金叶女贞等色叶树种配植，在草坪中作模纹图案材料，经整形也可于路旁列植或作花坛镶边。黄杨还是著名的盆景材料，扬派盆景的代表树种之一。

栽植地点：三个校区广泛栽植。

◎ 锦熟黄杨 *Buxus sempervirens*

识别要点： 常绿灌木，分枝密集，小枝四棱形。叶对生，薄革质，椭圆形至卵状长椭圆形，中部或中下部最宽，先端微凹，上面深绿色，下面苍白色。花簇生叶腋或枝顶，常顶生1雌花，余为雄花；花黄绿色，无花瓣。蒴果3裂，种子3~6枚。花期3～4月，果期7～8月。

地理分布： 原产欧洲至北非和亚洲西南部。我国长江流域至华南、西南均产，现各地常见栽培。

生长习性： 与黄杨近似，但不如黄杨耐寒。

种植要点： 播种、压条或扦插繁殖。

园林用途： 植为绿篱，或整形修剪成各种几何形体，用于园林点缀。

栽植地点： 树木园。

锦熟黄杨（左）和黄杨（右）

◎ 重阳木 *Bischofia polycarpa*

识别要点： 落叶乔木，无乳汁。小枝红褐色。三出复叶，小叶卵圆形至椭圆状卵形，有细齿，基部圆形或近心形，先端短尾尖，两面光滑无毛。花雌雄异株，总状花序下垂；萼片5；无花瓣；雄蕊5，与萼片对生；子房3室。果肉质，浆果状，径5~7mm，红褐色。花期4~5月；果期10~11月。

地理分布： 分布于秦岭、淮河流域以南至华南北部，在长江中下游平原习见。

生长习性： 喜光，稍耐荫；喜温暖湿润气候，耐寒力弱；喜湿润并耐水湿。对土壤要求不严，根系发达，抗风。

种植要点： 播种繁殖。

园林用途： 树姿婆娑优美，绿荫如盖，早春嫩叶鲜绿光亮，秋叶红色，艳丽夺目，是重要的秋色叶树种。适宜作庭荫树、行道树。此外，重阳木耐水湿能力强，也是优良的堤岸绿化和风景区造林材料。对二氧化硫有一定抗性，可用于厂矿、街道绿化。

栽植地点： 树木园。

◎ 油桐 *Vernicia fordii*

识别要点：小乔木，含乳汁。枝粗壮，无毛，顶芽发达。单叶互生，掌状脉，全缘，稀3~5浅裂，基部截形或心形；叶柄顶端有2扁平腺体。花单性同株，圆锥花序顶生；花白色，有淡红色斑纹；子房3~8室，每室1胚珠。核果卵球形，径4~6cm；种子3~4粒，种仁含油质。花期3～4月，果期10月。

地理分布：淮河流域以南。山东有引种。临沂、日照、青岛可露地越冬。

生长习性：喜光，喜温暖湿润气候，不耐寒，不耐水湿及干瘠，在背风向阳的缓坡地带，以及深厚、肥沃、排水良好的酸性、中性或微石灰性土壤上生长良好。对二氧化硫污染极为敏感，可作大气中二氧化硫污染的监测植物。

种植要点：播种繁殖。

园林用途：珍贵的特用经济树种，种仁含油量51%，桐油为优质干性油，是我国重要出口物资。树冠圆整，叶大荫浓，花大而美丽，可植为行道树和庭荫树，是园林结合生产的树种之一。

栽植地点：北校家属院2号楼西侧。

◎ 乌桕 *Triadica sebifera*（*Sapium sebiferum*）

识别要点：落叶乔木；有乳汁，小枝细。单叶互生，全缘，菱形至菱状卵形，先端尾尖，基部宽楔形，两面光滑无毛；叶柄顶端有2腺体。花单性，穗状花序，雌雄同序，雌花1至数朵生于花序下部；黄绿色，无花瓣。蒴果3棱状球形，径约1.5cm。种子黑色，被白蜡，宿存树上，经冬不落。花期5~7月，果期10~11月。

地理分布：黄河以南各省，北达陕西、甘肃。

生长习性：喜光，要求温暖湿润气候；对土壤要求不严，酸性、中性或微碱性土均可，具有一定的耐盐性，在土壤含盐量0.3%以下的盐土地可以生长。喜湿，能耐短期积水。抗氟化氢等有毒气体。

种植要点：播种繁殖。

园林用途：树姿潇洒，叶形秀丽，入秋经霜先黄后红，艳丽可爱，夏季满树黄花衬以秀丽绿叶；冬季宿存之果开裂，种子外被白蜡，经冬不落，缀于枝头，远看宛如满树白花。适于丛植、群植，也可孤植，最宜与山石、亭廊、花墙相配，也可植于池畔、水边、草坪，或混植于常绿林中点缀秋色；在山地风景区，适于大面积成林。经济树种，生产石蜡。

栽植地点：南校综合楼北侧。北校文理大楼南。树木园。

◎ 叶底珠 *Flueggea suffruticosa*（*Securinega suffruticosa*）

别　　名：一叶萩

识别要点：灌木，小枝细弱，绿色，无毛。单叶互生，椭圆形、矩圆形，两面无毛。雌雄异株，雄花簇生叶腋，花梗短，长2～4mm，雄蕊5；雌花花梗稍长，长达1cm，花柱2深裂，形成凹头状。蒴果扁球形，径约5毫米，红褐色，无毛，果梗长1～1.5cm，纤细下垂。

地理分布：除西北尚未发现外，全国各省均有分布。

生长习性：适应性极广。耐寒、抗旱、抗瘠薄。喜深厚肥沃的砂质壤土，但在干旱瘠薄的石灰岩山地上也可良好生长。

种植要点：播种、扦插、分株。

园林用途：枝叶繁茂，花果密集，花色黄绿，果梗细长，果实下垂似珠。叶入秋变红。配置于假山、草坪、河畔、路边具有良好的观赏效果。叶、花入药。

栽植地点：北校3号楼南。树木园。

◎ 枳椇 *Hovenia dulcis*

别　　名： 拐枣

识别要点： 树皮灰黑色，深纵裂。叶有不整齐粗钝锯齿，基部近圆形，3出脉。花序二歧分枝常不对称；花小，黄绿色。核果近球形，有3种子；花序枝肥大肉质，经霜后味甜可食。花期5~7月；果期8~10月。

地理分布： 华北南部、西北东部至长江流域。

生长习性： 喜光，较耐寒；对土壤要求不严，在微酸性、中性和石灰性土壤上均能生长，以土层深厚而排水良好的沙壤土最好。深根性，萌芽力强。生长较快。

种植要点： 播种繁殖，也可扦插或分蘖。

园林用途： 树姿优美，叶大荫浓，果梗奇特、可食，有“糖果树”之称。是优良的庭荫树、行道树和山地造林树种。

栽植地点： 北校南门东北区，5号楼南侧。南校体育场南侧。树木园。

◎ 冻绿 *Rhamnus utilis*

识别要点： 落叶灌木或小乔木；小枝红褐色，顶端有尖刺。叶多近对生，羽状脉，叶椭圆形或长椭圆形，边缘有细锯齿，幼叶下面有黄色短柔毛。聚伞花序生枝顶和叶腋；花黄绿色，花4基数。核果近球形，黑色，具有2分核。花期5～6月；果熟期8～9月。

地理分布： 分布于淮河流域、陕西、甘肃至长江流域和西南。

生长习性： 性强健，喜光，耐干旱瘠薄，稍耐荫。

种植要点： 播种繁殖。

园林用途： 枝叶繁茂，园林中可栽培观赏，用作自然式树丛的外围以丰富绿化层次，也可丛植于草地、山坡、石间。果实和叶子可作绿色染料。

栽植地点： 树木园。

◎ 枣树 *Ziziphus jujuba*

识别要点：枝条有三种：长枝俗称枣头，呈之字形弯曲，红褐色，光滑，有细长针刺；短枝俗称枣股，在2年生以上长枝上互生；脱落性小枝俗称枣吊，为纤细的无芽小枝，似羽状复叶的总柄，簇生于短枝顶端，冬季与叶同落。单叶互生，三出脉，具细钝锯齿。核果卵形至长椭圆形，长2~6cm，熟时深红色，核锐尖。花期5～6月；果熟期8～10月。

地理分布：原产我国，华北、华东、西北地区是主产区。

生长习性：适应性很强，素有“铁杆庄稼”之称。极喜光、耐旱、耐寒，抗干瘠、水涝和盐碱。对气候、土壤适应性强，喜中性或微碱性土壤，在pH值5.5~8.5，含盐量0.2~0.4%的中度盐碱土上可生长。根系发达，萌蘖力强，寿命长，结果早。发芽晚，落叶早。

种植要点：分蘖和嫁接繁殖，也可根插。枣树最适宜北方栽培，黄河中下游的冲积平原是枣树的最适生地区。

园林用途：树冠宽阔，花朵虽小而香气清幽，结实满枝，青红相间，自古以来就是重要的庭院树种。宜孤植，适植于建筑附近或水边，也可列植为园路树和行道树。是林粮间作的良好树种。

栽植地点：北校水土学院。树木园。

◎ 酸枣 *Ziziphus jujuba var. spinosa*

识别要点： 灌木，托叶刺一长一短。叶片和果实均小。核果圆球形，肉薄，核大，味酸，核两端圆钝。

地理分布： 与枣树近似。多自然分布于干旱瘠薄的石灰岩山地。

生长习性： 与枣树近似。适应性极强。

种植要点： 播种或分蘖繁殖，也可根插。

园林用途： 常用作嫁接枣树的砧木。荒山绿化，水土保持植物。

栽植地点： 北校4号楼南侧。树木园。

◎ 雀梅藤 *Sageretia thea*

别　　名： 雀梅

识别要点： 落叶攀援状灌木。小枝有刺，灰色或灰褐色，密生短柔毛。叶近对生，卵形或卵状椭圆形，先端有小尖头，基部近圆形，有细锯齿。花两性，极小，绿白色，5基数。核果近球形，熟时紫黑色。花期7~11月；果期次年3~5月。

地理分布： 产华东、华中至西南、华南各地。

生长习性： 喜光，喜温暖湿润气候，有一定的耐寒性。耐修剪。

种植要点： 扦插、播种或分株繁殖。

园林用途： 优良盆景材料，也可作绿篱，兼有防护功能。

栽植地点： 树木园。

◎ 葡萄 *Vitis vinifera*

识别要点：茎皮红褐色，老时条状剥落；枝髓心褐色。卷须分叉，间歇性与叶对生。叶卵圆形，长7~20cm，3~5掌状浅裂，基部心形，有粗齿，两面无毛或背面稍有短柔毛。花序长10~20cm；花黄绿色。浆果圆形或椭圆形，成串下垂，绿色、紫红色或黄绿色，被白粉。花期5～6月，果期8～9月。

地理分布：原产欧洲、西亚和北非。全国普遍栽培。

生长习性：喜光，喜干燥及夏季高温的大陆性气候，冬季需要一定的低温，以排水良好的微酸性至微碱性沙质壤土上生长最好，在粘重土壤中生长不良；耐干旱，怕水涝，在降雨量大、空气潮湿的地区，容易发生徒长、授粉不良、落果、裂果、多病虫害等不良现象。

种植要点：扦插、压条和嫁接繁殖。

园林用途：现代园林中，葡萄棚架可独自成景，广泛应用于各类公园、庭院、居民区；大型公园或风景区内布置成葡萄园，既具观赏价值，又兼有遮阳和生产水果的多重功能。葡萄架也成为我国古典园林中传统的观赏内容，是人们休息纳凉的绝佳去处。

栽植地点：树木园。

◎ 葎叶蛇葡萄 *Ampelopsis humilifolia*

识别要点：落叶大型木质藤本，长达10m。枝条红褐色，有皮孔，髓心白色。卷须与叶对生。叶卵圆形或肾状五角形，3~5中裂或近深裂，上面鲜绿色，有光泽，下面苍白色。聚伞花序与叶对生，有细长总梗；花淡黄绿色，5基数。浆果球形，熟时淡蓝色。花期5~6月；果期8~10月。

地理分布：产东北南部、华北至陕西、甘肃、安徽等省。

生长习性：适应性极强。喜光，也颇耐荫，耐寒，耐干旱，也耐水湿；对土壤适应性强，酸性、中性、钙质土、轻度盐碱土、粘重土壤均可生长。生长旺盛，抗病虫害，繁殖容易。

种植要点：播种、压条或扦插繁殖。

园林用途：葎叶蛇葡萄生长旺盛，枝叶葱绿，生机勃勃，极富野趣。可广泛应用于棚架、长廊、假山、枯树、岩石、墙垣、栅栏、桥畔等垂直绿化。形成的棚架、长廊是人们休息纳凉的绝佳去处。还是优良的地面覆盖材料和水土保持植物。

栽植地点：树木园。林学实验站。

◎ 东岳红 *Ampelopsis humilifolia* ‘Dongyue Hong’

别　　名： 红叶葎叶蛇葡萄

识别要点： 是葎叶蛇葡萄的新品种，由山东农业大学林学院孙居文培育，具有品种权。其特征为新枝、新叶、卷须、花序均为紫红色。春季全株叶色红艳，赏心悦目；夏秋季老叶褐绿色新叶紫红色。是目前稀有的木质藤本彩叶植物。花期5~6月；果期8~10月。

适生地区： 同葎叶蛇葡萄。

生长习性： 同葎叶蛇葡萄。适应性极强。生长旺盛，抗病虫害，繁殖容易。

种植要点： 扦插繁殖。注意修剪整形，促发新枝新叶，提高观赏性。

园林用途： 东岳红春季新叶红艳，光彩夺目。可广泛用于棚架、长廊、假山、枯树、岩石、墙垣、栅栏、桥畔等垂直绿化，会形成独特的彩色景观。可以盆栽观赏。还可制作盆景。

栽植地点： 林学实验站。

◎ 爬山虎 *Parthenocissus tricuspidata*

别　　名：地锦

识别要点：卷须短而多分枝，顶端膨大成吸盘。叶通常3裂，基部心形，有粗锯齿，表面无毛，背面脉上有柔毛；下部枝的叶片有时分裂成3小叶。花序通常生于短枝顶端，花淡黄绿色。浆果球形，径6~8mm，蓝黑色，被白粉。

地理分布：产我国和日本，在我国分布极为广泛，北自吉林，南到广东，常攀附于岩石、树干、灌丛中，园林中常栽培。

生长习性：性强健，耐荫，也可在全光下生长；耐寒；对土壤适应能力强，生长迅速。抗污染，尤其对氯气的抗性强。

种植要点：播种、扦插或压条繁殖。

园林用途：枝繁叶茂，入秋叶片红艳，极为美丽，卷须先端特化成吸盘，攀援能力强。适于附壁式的造景方式，在园林中可广泛应用于建筑、墙面、石壁、混凝土壁面、栅栏、桥畔、假山、枯树的垂直绿化。还是优良的地面覆盖材料。

栽植地点：树木园。北校1号楼、3号楼周边。水土学院。南校1号公寓。

◎ 美国爬山虎 *Parthenocissus quinquefolia*

别　　名： 五叶地锦

识别要点： 幼枝常带紫红色。卷须5~12分枝，先端膨大成吸盘。掌状复叶有长柄；小叶5，卵状长椭圆形，叶缘有粗大锯齿。聚伞花序集成圆锥状。浆果球形，径约6mm，熟时蓝黑色，稍有白粉。

地理分布： 原产北美洲，我国北方常见栽培。

生长习性： 与爬山虎近似。生长迅速，耐荫性强，抗污染。

种植要点： 播种、扦插或压条繁殖。

园林用途： 与爬山虎近似，是立交桥、高架路的优良绿化材料。

栽植地点： 树木园。北校1号楼周边。

◎ 栾树 *Koelreuteria Paniculata*

别　　名：灯笼花

识别要点：落叶乔木；树皮细纵裂；无顶芽。奇数羽状复叶，有时部分小叶深裂而为不完全2回；小叶有不规则粗齿，近基部常有深裂片。大型圆锥花序，花黄色，中心紫色。蒴果三角状卵形，顶端尖，成熟时红褐色。花期6~7月；果9~10月成熟。

地理分布：辽宁至西南均有分布。

生长习性：喜光，稍耐半荫；耐干旱瘠薄；喜生于石灰质土壤，也能耐盐碱和短期水涝。深根性，萌蘖力强。有较强的抗烟尘和二氧化硫能力。

种植要点：播种繁殖。种皮坚硬，不易透水，进行湿沙层积催芽。

园林用途：夏季至初秋开花，满树金黄，秋季丹果盈树，非常美丽，是优良的花果兼赏树种。适宜作庭荫树、行道树和园景树，可植于草地、路旁、池畔。也可用作防护林、水土保持及荒山绿化树种。

栽植地点：北校。南校图信楼前。东校。树木园。

◎ 黄山栾 *Koelreuteria integrifoliola*

识别要点：落叶乔木；大型2回羽状复叶，各羽片有小叶7~11枚，全缘或偶有锯齿。大型圆锥花序，花金黄色。蒴果椭球形，嫩时紫色，熟时红褐色。花期9月；果10 ~ 11月成熟。

地理分布：主产长江以南，黄河以南可露地生长。北京栽培生长良好。

生长习性：喜光，幼年耐荫；喜温暖湿润气候，耐寒性差；山东一年生苗须防寒，否则苗干易抽干，翌春从根茎处萌发新干；对土壤要求不严，微酸性、中性土上均能生长。深根性，不耐修剪。

种植要点：播种繁殖。种皮坚硬，需层积催芽。

园林用途：枝叶茂密，冠大荫浓，初秋开花，金黄夺目，不久就有淡红色灯笼似的果实挂满树梢；黄花红果，交相辉映，十分美丽。宜作庭荫树、行道树及园景树栽植，也可用于居民区、工厂区及农村“四旁”绿化。

栽植地点：三个校区常见栽植。

◎ 文冠果 *Xanthoceras sorbifolium*

别　　名：文官果

识别要点：落叶乔木；奇数羽状复叶互生；小叶9~19枚，对生或近对生，狭椭圆形至披针形，长3~5cm，有锐锯齿，先端尖。总状花序顶生，长15~25cm；花梗纤细，长约2cm；萼片5；花瓣5，白色，内侧有黄色变紫红的斑纹；花盘5裂，裂片背面各有一橙黄色角状附属物；雄蕊8；子房3室，每室7~8胚珠。蒴果椭球形，径4~6cm，果皮木质，室背3裂。种子球形，黑色，径1~1.5cm。花期4~5月；果期7~8月。

地理分布：产东北、华北和西北。

生长习性：喜光，也耐半荫；耐寒，耐-40℃低温；对土壤要求不严，以中性沙质壤土最佳；耐干旱瘠薄，耐轻度盐碱，在低湿地生长不良。根系发达，生长迅速，萌芽力强。

种植要点：播种繁殖，春播或秋播均可。也可根插育苗。

园林用途：文冠果是华北地区重要的木本油料树种，但座果率极低，“千花一果”花序硕大、花朵繁密，春天白花满树，也是优良的观花树种，可配植于草坪、路边、山坡，也用于荒山绿化。

栽植地点：南校林学实验站。树木园。

◎ 无患子 *Sapindus mukurossi*

识别要点：落叶或半常绿乔木；树皮灰白色，平滑不裂。偶数羽状复叶，互生，小叶卵状披针形，全缘，先端尖，基部不对称，薄革质。花杂性，圆锥花序；花黄白色或带淡紫色。核果球形，径1.5~2cm，熟时黄色或橙黄色；种子球形，黑色。花期5~6月；果期9~10月。

地理分布：产长江流域及其以南各省区，为低山丘陵和石灰岩山地习见树种。

生长习性：喜光，稍耐荫；喜温暖湿润气候，也较耐寒；对土壤要求不严，酸性、微碱性至钙质土均可。萌芽力较弱，不耐修剪。对二氧化硫抗性强。生长速度中等。

种植要点：播种繁殖。

园林用途：主干通直，树姿挺秀，秋叶金黄，极为悦目，是美丽的秋色叶树种，颇具江南秀美的特色。适于作庭荫树和行道树，常孤植、丛植于草坪、路旁、建筑物附近，色彩绚丽，醉人心目。

栽植地点：树木园。

◎ 七叶树 *Aesculus chinensis*

识别要点：落叶乔木，高达30m，胸径2m；掌状复叶对生，小叶常7枚，长椭圆状披针形，具细锯齿，小叶柄长5~17mm。圆锥花序直立，近圆柱形，长20~25cm，花朵密集；花白色，花瓣4，不等大，上面两瓣常有橘红色或黄色斑纹。蒴果近球形，径3~4cm，黄褐色，无刺；种子形如板栗，深褐色，种脐大。花期5月；9~10月果熟。

地理分布：仅秦岭有野生的，华北有栽培。

生长习性：喜光，稍耐荫；喜温暖湿润气候，也能耐寒；喜深厚肥沃而排水良好的土壤。深根性；萌芽力不强。生长速度中等偏慢，寿命长。

种植要点：播种繁殖。种子不耐贮藏，易丧失发芽力，随采随播，或沙藏春播。也可嫩枝扦插或根插。

园林用途：树干耸直，树冠开阔，姿态雄伟，叶片大而美，初夏白花满树，蔚然可观，是世界著名的观赏树木。最宜植为庭荫树和行道树，是世界五大行道树之一。

栽植地点：北校南门东北区、英才路中段，树木园。

◎ 日本七叶树 *Aesculus turbinata*

识别要点：落叶大乔木，高达30m，胸径2m。掌状复叶对生，小叶无柄，小叶5~7枚，倒卵状长椭圆形，中间小叶较两侧小叶明显大，缘有圆锯齿，背面带白粉，脉腋有褐色毛。圆锥花序顶生，直立，长15~25cm；花萼管状，5裂；花瓣4，白色带红斑；雄蕊6~10，伸出花外。蒴果倒卵圆形或卵圆形，直径5cm，深棕色，有疣状凸起，成熟后3裂；种子赤褐色，直径约3cm，种脐大形，约占种子的1/2。花期5~7月，果期9月。

地理分布：原产日本，我国上海、青岛等地有引种栽培，现各地园林常见栽培。

生长习性：喜光，耐寒，不耐旱，性强健，生长较快。

种植要点：播种繁殖，种子不耐贮藏，可以随采随播种，也可以用沙收藏至翌春3月上旬平床条播，也可点播。也可嫩枝扦插或根插。

园林用途：同七叶树。

栽植地点：树木园。

◎ 元宝枫 *Acer truncatum*

别　　名：五角枫、元宝槭

识别要点：落叶乔木。叶对生，掌状5裂，有时中裂片又二小裂；裂片三角形，全缘，掌状脉5条出自基部，叶基常截形。伞房花序顶生；萼片黄绿色；花瓣黄白色；有花盘。翅果成熟时淡黄色或带褐色，两果翅开张成直角，翅长等于或略长于果核。花期4月，果熟10月。

地理分布：东北南部、华北。

生长习性：弱阳性，喜温凉气候和肥沃、湿润而排水良好的土壤，在酸性、中性和钙质土上均可生长。有一定耐旱力，不耐涝。萌蘖力强，深根性。抗风，耐烟尘和有毒气体。

种植要点：播种繁殖。

园林用途：绿荫浓密，叶形秀丽，秋叶红黄，是著名的秋色叶树种，可广泛用作行道树、庭荫树，也可配植于水边、草地和建筑附近。

栽植地点：三个校区普遍栽植。

◎ 三角枫 *Acer buergerianum*

识别要点：落叶乔木。树皮条片状剥落。叶对生，卵形，背面有白粉，3裂，裂深为全叶片的1/3，裂片三角形，全缘或仅在近先端有细疏锯齿。双翅果，果核部分两面凸起，两果翅开张成锐角。花期4月，果熟10月。

地理分布：长江中下游各省至华南。

生长习性：弱阳性树种，喜温暖湿润气候，有一定的耐寒性；较耐水湿。萌芽力强，耐修剪。

种植要点：播种繁殖。

园林用途：树冠较狭窄，多呈卵形，是优良的行道树，也适于庭园绿化，可点缀于亭廊、草地、山石间。老桩奇特古雅，是著名的盆景材料。

栽植地点：北校，南校，树木园常见栽植。

◎ 鸡爪槭 *Acer palmatum*

识别要点：落叶小乔木。叶对生，掌状5~9深裂，裂深常为全叶片的1/2，基部心形，裂片卵状长椭圆形至披针形，先端尖，有细锐重锯齿。萼片暗红色，花瓣紫色。两翅开展成钝角。花期5月；果期10月。

地理分布：华北南部、华东、华中。

生长习性：弱阳性，最适于侧方遮荫；喜温暖湿润，耐寒性不如元宝枫和三角枫；喜肥沃湿润而排水良好的土壤，酸性、中性和石灰性土壤均可，不耐干旱和水涝。

种植要点：播种繁殖。各园艺品种常采用嫁接繁殖。

园林用途：鸡爪槭姿态潇洒，叶形秀丽，秋叶红艳，是著名的庭园观赏树种。其优美的叶形能产生轻盈秀丽的效果，使人感到轻快，因而非常适于小型庭园的造景，多孤植、丛植于庭前、草地、水边、山石和亭廊之侧，也可植于常绿针叶树、阔叶树或竹丛之前侧，经秋叶红，枝叶扶疏，满树如染。

栽植地点：北校4号楼南侧，5号楼南侧，8号楼西侧。南校综合楼南花园。树木园。

◎ 红枫 *Acer palmatum* ‘Atropurpureum’

识别要点：与鸡爪槭的区别为：叶片常年红色或紫红色，枝条紫红色。

地理分布：华北南部、华东、华中。

生长习性：与鸡爪槭近似。

种植要点：常用嫁接繁殖。

园林用途：著名红叶树种，园林配置同鸡爪槭。

栽植地点：北校4号楼南。树木园。

◎ 中华槭 *Acer sinense*

识别要点：落叶小乔木。小枝绿色或褐红色，光滑无毛。叶对生，近圆形，掌状5裂，裂片近卵形，裂深常达叶片的中部，顶端锐尖，裂缘具密贴的细锯齿，叶基心形，掌状脉5条出自基部，脉腋间有黄色毛丛。杂性花，圆锥花序，顶生，下垂；萼片5，绿色；花瓣5，白色，雄蕊8，生于花盘的内侧，子房白色。翅果熟时淡黄色，果体两面突起，脉纹显著，两翅开张呈钝角或近于平直。花期5月；果熟期8～9月。

地理分布：广布长江流域，南至广西，西至甘肃。

生长习性：与鸡爪槭近似。

种植要点：播种繁殖。各园艺品种常采用嫁接繁殖。

园林用途：绿化观赏。

栽植地点：北校区5号楼前。树木园。

◎ 复叶槭 *Acer negundo*

识别要点： 落叶乔木，高达20m。树皮灰绿色；小枝绿色，有白粉，无毛。奇数羽状复叶，对生，小叶3~7，卵形至长椭圆状披针形，叶缘有不规则缺刻，顶生小叶有3浅裂。花单性异株，雄花序伞房状，雌花序总状。果翅狭长，两翅成锐角。花期4~5月；果期8~9月。

地理分布： 原产北美，华东、东北、华北有引种栽培。

生长习性： 喜光，喜冷凉气候，耐干冷，对土壤要求不严，耐轻度盐碱，稍耐水湿。在东北生长较好，长江下游生长不良。

种植要点： 播种、扦插均可。

园林用途： 树冠宽阔，可作庭荫树、行道树。

栽植地点： 树木园。

◎ 建始槭 *Acer henryi*

识别要点：落叶乔木，高约10m。树皮灰褐色；嫩枝紫绿色，有短柔毛，老枝浅褐色，无毛。冬芽细小，褐色。3小叶复叶；小叶椭圆形或长椭圆形，长6~12cm，宽3~5cm，全缘或近先端有稀疏钝锯齿，顶生小叶叶柄长约1cm，侧生小叶叶柄长3~5mm。穗状花序，下垂，长7~9cm，常由2~3年无叶的小枝旁边生出；花淡绿色，雌雄异株。翅果长2~2.5cm，张开成锐角或近于直立。果梗长约2mm。花期4月，果期9月。

地理分布：产山西南部、河南、陕西、甘肃、江苏、浙江、安徽湖北、湖南、四川、贵州。

生长习性：弱阳性，喜温暖湿润气候，也耐寒，较耐水湿，对土壤要求不严。

种植要点：播种繁殖。

园林用途：树冠宽阔，可作庭荫树、行道树。

栽植地点：树木园。

◎ 茶条槭 *Acer ginnala*

识别要点： 灌木或小乔木。叶卵状椭圆形，常3裂，中裂片较大，有时不裂或羽状5浅裂，基部圆形或近心形，缘有不整齐重锯齿，表面无毛，背面脉上及脉腋有长柔毛。花杂性，伞房花序圆锥状，顶生。果核两面突起，果翅张开成锐角或近于平行，紫红色。花期5~6月；果期9月。

地理分布： 产东北、华北及长江下游各省。

生长习性： 喜光，耐半荫，耐寒，耐干旱，也耐水湿。萌蘖性强。

种植要点： 播种或分株繁殖。

园林用途： 秋叶红艳，株型自然，是良好的庭园观赏树种，孤植、列植、丛植、群植均可，也可植为绿篱。

栽植地点： 树木园。

◎ 黄连木 *Pistacia chinensis*

识别要点：落叶乔木；树皮薄片状剥落。枝叶有特殊气味。偶数羽状复叶，小叶披针形或卵状披针形，基部偏斜，全缘。雌雄异株，圆锥花序。核果，熟时红色至蓝紫色。花期3～4月，先叶开放；果熟期9～11月。

地理分布：华北、西北、长江以南各省。

生长习性：喜光，幼树稍耐荫，对土壤要求不严，尤喜肥沃湿润而排水良好的石灰性土。耐干旱瘠薄，不耐水湿。萌芽力强。抗烟尘，对二氧化硫、氯化氢等抗性较强。生长速度中等。

种植要点：播种繁殖。

园林用途：树冠近球形或团扇形，叶片秀丽，春叶及花序紫红，秋叶鲜红或橙黄，云蒸霞蔚，灿烂如金，是著名的风景树，常用作山地风景林、公园秋景林的造林树种，也可孤植或作行道树用。生物质能源树种。

栽植地点：北校英才路。南校大门西北侧。东校树木园。

◎ 黄栌 *Cotinus coggygria var. cinerea*

识别要点：落叶小乔木；叶互生，卵圆形或倒卵形，长宽近相等，先端圆形或微凹，基部圆形或宽楔形，两面有灰色短柔毛，下面尤明显。花序被柔毛；花杂性，黄绿色；子房近球形，花柱3。核果肾形，不孕花的花梗在花后伸长，密被紫色羽状毛，远观如紫烟缭绕。花期4～5月，果熟6月。

地理分布：我国中部和北部，多生于山区较干燥的阳坡。

生长习性：喜光，耐半荫；耐寒，耐干旱瘠薄，但不耐水湿。能适应酸性、中性和石灰性土壤。萌芽力和萌蘖性强。对二氧化硫抗性较强。

种植要点：播种繁殖。此外，还可分株、根插。

园林用途：树冠浑圆，秋叶红艳，鲜艳夺目，是我国北方最著名的秋色叶树种。夏初不育花的花梗伸长成羽毛状，簇生于枝梢，犹如万缕罗纱缭绕于林间。适于大型公园、天然公园、山地风景区内群植成林，或植为纯林，或与其他红叶、黄叶树种混交。北京西山以黄栌红叶而著名，“晴雪红叶西山景”乃著名的“燕京八景”之一。

栽植地点：北校1号楼北侧。南校综合楼周边。树木园。

◎ 紫叶黄栌 *Cotinus coggygria var. cinerea* 'Purpureus'

别　　名：红栌
识别要点：叶常年紫色。可常年观赏红叶。
地理分布：河北、山东、河南、湖北、四川。
生长习性：同黄栌。
种植要点：同黄栌。
园林用途：观赏，著名红叶树种。
栽植地点：北校4号楼南侧，南校综合楼南侧绿地、篮球场两侧。

◎ 火炬树 *Rhus typhina*

识别要点： 灌木或小乔木；小枝粗壮，红褐色，密生绒毛。奇数羽状复叶，叶轴无翅，小叶19~23，长椭圆状披针形，先端长渐尖，有锐锯齿。雌雄异株，圆锥花序长10~20cm，直立，密生绒毛；花白色。核果深红色，密被毛，密集成火炬形。花期6～7月；果8～9月成熟。

地理分布： 原产北美，我国1959年引入，现华北、西北常见栽培。

生长习性： 喜光，耐寒；在酸性、中性和石灰性土壤上均可生长，耐干旱瘠薄，耐盐碱；根系发达，萌蘖力极强。

种植要点： 播种繁殖。播前用80~90℃的热水浸种，再混湿沙催芽。也可分蘖或埋根育苗。

园林用途： 秋叶红艳，果序红色而且形似火炬，冬季在树上宿存，颇为奇特。可于园林中丛植以赏红叶和红果，以增添野趣。也用于华北、西北等地的干旱瘠薄山区造林绿化。

栽植地点： 南校体育场西南角，东校读书园内。

◎ 盐肤木 *Rhus chinensis*

识别要点：小乔木；树冠圆球形。小枝粗壮，有毛，柄下芽，冬芽被叶痕所包围。奇数羽状复叶，叶轴有狭翅，小叶7~13，卵状椭圆形，有粗钝锯齿，背面密被灰褐色柔毛，近无柄。花序顶生，密生柔毛；花小，乳白色。核果扁球形，桔红色，密被毛。花期7~8月；果10~11月成熟。

地理分布：分布于东北南部至华南。

生长习性：喜光，喜温暖湿润气候，也能耐寒冷和干旱；不择土壤，不耐水湿。生长快，寿命短。

种植要点：播种、分株、扦插繁殖。

园林用途：秋叶鲜红，果实桔红色，颇为美观。可植于园林绿地观赏或用于点缀山林。

栽植地点：树木园。

◎ 臭椿 *Ailanthus altissima*

识别要点：树皮灰色，粗糙不裂。小枝粗壮，黄褐色；无顶芽，叶痕大。奇数羽状复叶，小叶卵状披针形，基部具腺齿1~2对，中上部全缘，下面稍有白粉。圆锥花序顶生，花淡黄色或黄白色。翅果扁平，淡褐色，纺锤形。花期4~5月；果熟期9~10月。

地理分布：东北南部、华北至华南。

生长习性：阳性树，适应性强；喜温暖，较耐寒。很耐干旱、瘠薄，但不耐水涝；对土壤要求不严，微酸性、中性和石灰性土壤都能适应，耐中度盐碱，在土壤含盐量0.3%时幼树可正常生长。根系发达，萌蘖力强。抗污染，对二氧化硫、二氧化氮、硝酸雾、乙炔、粉尘的抗性均强。生长迅速。

种植要点：播种繁殖，也可分株、插根。

园林用途：树体高大，树冠圆整，冠大荫浓，春叶紫红，夏秋红果满树，是一种优良的观赏树种，可用作庭荫树及行道树，尤适于盐碱地区、工矿区应用，可孤植于草坪、水边。在欧洲、日本、美国等地，臭椿颇受青睐，有天堂树之称，常植为行道树。

栽植地点：南校品慧楼东侧。北校神农路，8号楼周边，1号楼北侧。

◎ 香椿 *Toona sinensis*

识别要点：树皮暗褐色，浅纵裂。小枝粗壮，叶痕大，有顶芽。偶数羽状复叶，小叶长椭圆形至广披针形，有钝锯齿，有香味。顶生圆锥花序，长达35cm，下垂；花芳香，5基数。蒴果椭圆形，长1.5~2.5cm；种子上端具翅。花期6月；果熟期10～11月。

地理分布：东北南部、华北、华中常见栽培。

生长习性：喜光，有一定的耐寒力；对土壤要求不严，无论酸性、中性，还是钙质土均可生长，也耐轻度盐碱，较耐水湿。深根性，萌芽力和萌蘖力均强。对有毒气体有较强的抗性。

种植要点：播种、分蘖或埋根繁殖，以播种最为常用。

园林用途：树干耸直，树冠宽大，枝叶茂密，嫩叶红色，是良好的庭荫树和行道树，适于庭前、草坪、路旁、水畔种植。香椿还是长寿的象征。其嫩芽幼叶可食，常植于庭院。木材为上等的家具用材，国外市场上称为“中国桃花心木”。

栽植地点：北校10号楼南。东校教职工生活区。

◎ 苦楝 *Melia azedarach*

别　　名：楝树

识别要点：落叶乔木；树皮暗褐色，浅纵裂。枝条粗壮，皮孔明显。2~3回羽状复叶，小叶卵状椭圆形，先端渐尖，叶缘有钝锯齿。圆锥花序长20~30cm；花淡紫色，芳香。核果球形，熟时黄色，直径约1~1.5cm，冬季宿存树上。花期4～5月，果熟期10～11月。

地理分布：黄河流域以南。

生长习性：喜光，喜温暖湿润气候；对土壤要求不严，在酸性、中性、石灰性土均可生长，耐盐碱；稍耐干旱瘠薄，较耐水湿。萌芽力强。浅根性，侧根发达，主根不明显。抗烟尘、二氧化硫，但对氯气抗性较弱。生长快，寿命短，30~40年即衰老。

种植要点：播种繁殖，也可插根、分蘖育苗。

园林用途：树形优美，叶形舒展，初夏紫花芳香，淡雅秀丽，“小雨轻风落楝花，细红如雪点平沙”；秋季黄果经冬不凋，是优良的公路树、街道树和庭荫树。适于在草坪孤植、丛植，或配植于池边、路旁、坡地。苦楝甚抗污染，极适于工厂、矿区绿化。

栽植地点：北校4号楼南侧，3号楼西侧，西礼堂周边。南校校医院东侧。东校树木园。

◎ 花椒 *Zanthoxylum bungeanum*

识别要点：落叶灌木；枝具有宽扁而尖锐的皮刺。奇数羽状复叶，小叶5~9，卵形至卵状椭圆形，两面多少有皮刺，先端尖，叶缘有细钝锯齿，齿缝有大的透明油腺点，揉碎有香气；叶轴具窄翅。聚伞状圆锥花序顶生；花单性、单被花，花被片4~8枚；子房无柄。蓇葖果球形，成熟时红色或紫红色，密生疣状油腺点。花期4～5月，果7～9月成熟。

地理分布：广布，除东北、新疆外，几遍全国。

生长习性：喜光，喜温暖气候及肥沃湿润而排水良好的土壤。不耐严寒，小苗在−18℃左右时受冻。对土壤要求不严，酸性、中性及钙质土均可生长；耐干旱瘠薄，不耐涝，短期积水即会死亡。萌蘖性强，耐修剪。

种植要点：播种、分株或扦插繁殖，以播种繁殖常用。

园林用途：枝叶密生，全株有香气，入秋红果满树，鲜艳夺目，秋叶亦红，颇为美观。可孤植、丛植于庭院、山石之侧观果。也可植为绿篱。果是香料，可结合生产进行栽培。

栽植地点：北校教职工生活区。树木园。

◎ 枸橘 *Poncirus trifoliata*

识别要点：落叶灌木；枝绿色，扁而有棱角；枝刺粗长而略扁。三出复叶，叶轴有翅；小叶无柄，叶缘有波状浅齿；顶生小叶大，倒卵形，叶基楔形；侧生小叶较小，基稍歪斜。花两性，白色；萼片、花瓣各5；子房6~8室。柑果球形，径3~5cm，密被短柔毛，黄绿色。花期4月，果期10月。

地理分布：原产华中，各地普遍栽培。

生长习性：喜光，稍耐荫；喜温暖湿润气候，较耐寒，能耐-20℃以下低温，在北京可露地越冬。喜酸性土壤，不耐碱。萌芽力强，甚耐修剪。根系发达，抗风。抗有毒气体，但对氟化氢抗性较弱。

种植要点：播种或扦插繁殖。

园林用途：枝叶密生，枝条绿色而多棘刺，春季白花满树，秋季黄果累累，经冬不凋，十分美丽。常栽作刺篱，以供防范之用，也可作花灌木观赏，植于大型山石旁。果实药用，名枳实、枳壳。

栽植地点：南校各学院实验站栽培作篱笆。树木园。

◎ 臭檀 *Evodia daneillii*

识别要点：落叶乔木，高达20m。奇数羽状复叶，对生，小叶5~11枚，阔卵形至卵状椭圆形，散生少量油点，基部偏斜，有细钝锯齿。伞房状聚伞花序，被灰黄色柔毛；花白色，萼、瓣、雄蕊、子房各5数。蓇葖果熟时紫红色，顶端有喙，内果皮蜡黄色；种子黑色，具光泽。花期7月，果熟期9~10月。

地理分布：辽宁、河北、山东、陕西、山西、湖北、甘肃、江苏。

生长习性：阳性，耐盐碱，抗海风，深根性，喜生于山坡或山崖上。适应性强，生长迅速。

种植要点：播种繁殖。

园林用途：树形高大，树皮光洁，可作庭荫树、行道树。种子富含油质，可供榨油，用于润滑或制皂。

栽植地点：树木园。

◎ 辽东楤木 *Aralia elata var. glabrescens*

别　　名：龙牙楤木

识别要点：灌木或小乔木。枝有刺，小枝淡黄色，疏生细刺。叶大，连柄长40~80cm，二回或三回羽状复叶，总叶轴和羽片轴通常有刺；小叶卵形至卵状椭圆形，边缘疏生锯齿。伞形花序聚生为顶生伞房状圆锥花序；花白色；5基数。核果球形，5棱，直径4mm，成熟时黑色。

地理分布：黑龙江、吉林、辽宁、河北、山东。

生长习性：喜光、耐干旱瘠薄，喜湿润阴凉气候，可生于乱石滩中。

种植要点：播种或根插繁殖。

园林用途：绿化、木本蔬菜

栽植地点：北校2号楼南。树木园。

◎ 刺楸 *Kalopanax septemlobus*（*Kalopanax pictus*）

别　　名：后娘棍

识别要点：树皮灰黑色，纵裂。树干及大枝具鼓钉状刺。小枝粗壮，淡黄棕色，具扁皮刺。单叶，在长枝上互生，短枝上簇生；叶近圆形，径9~25cm，掌状5~7裂，基部心形或圆形，裂片三角状卵形，缘有细齿；叶柄长于叶片。花两性，复伞形花序顶生，花小，白色。核果熟时黑色，近球形，花柱宿存。花期7~8月；果期9~10月。

地理分布：自东北至长江流域、华南、西南均有分布，多生于山地疏林中。

生长习性：喜光，喜湿润肥沃的酸性或中性土，适应性强，在阳坡、干瘠条件都能生长，速生。抗烟尘。

种植要点：播种或根插繁殖。

园林用途：树形宽广如伞，枝干扶疏而常生粗大皮刺，叶片大型，颇富野趣，适于风景区成片种植，也是优良的庭荫树。

栽植地点：南校林学实验站。

◎ 五加（细柱五加）*Eleutherococcus nodiflorus*（*Acanthopanax nodiflorus*）

识别要点：灌木或蔓生。小枝细长下垂，节上疏被扁钩刺。掌状复叶，小叶（3）5，倒卵形或倒披针形，背面脉腋有时被淡黄棕色簇生毛，锯齿细钝；侧脉4~5对；小叶近无柄。伞形花序单生或2~3个簇生于短枝叶腋，花梗细，长0.6~1cm；花黄绿色，子房2（3）室，花柱长0.6~1cm，分离或基部合生。核果扁球形，径约6mm，熟时紫黑色。花期6~7月，果期10月。

地理分布：华北南部、长江流域至西南、东南沿海各地。

生长习性：适应性强，喜温暖湿润气候和深厚肥沃土壤，耐寒、耐荫、不耐水涝。种子有胚后熟特性，种胚要经过形态后熟和生理后熟之后才能萌发。

种植要点：用播种、扦插及分株繁殖。种子需层积催芽3个月。

园林用途：株丛自然，枝叶茂密，秋季紫果满树，园林中可于草坪、坡地、山石间丛植观赏。根皮药用，中药称“五加皮”，能祛风祛湿，强壮筋骨。

栽植地点：树木园。

◎ 洋常春藤 *Hedera helix*

识别要点：常绿藤本。幼枝上有星状毛。单叶互生，营养枝上的叶3~5浅裂；花果枝上叶片不裂而为卵状菱形。伞形花序，具细长总梗；花白色，各部有灰白色星状毛。核果球形，径约6mm，熟时黑色。

栽培品种：金边常春藤（'Aureovariegata'），叶缘金黄色。彩叶常春藤（'Discolor'），叶片较小，具乳白色斑块并带红晕。金心常春藤（'Goldheart'），叶片3裂，中心部分黄色。三色常春藤（'Tricolor'），叶片灰绿色，边缘白色，秋后变深玫瑰红色，春季复为白色。银边常春藤（'Silver Queen'），叶片灰绿色，具乳白色边缘，入冬变为粉红色。

地理分布：原产欧洲至高加索，国内黄河流域以南普遍栽培。

生长习性：性极耐荫，可植于林下；喜温暖湿润，也有一定耐寒性，对土壤和水分要求不严，但以中性或酸性土壤为好。萌芽力强。抗二氧化硫和氟污染。

种植要点：扦插繁殖，也可压条。

园林用途：四季常绿，生长迅速，攀援能力强，在园林中可用于岩石、假山或墙壁的垂直绿化，因其耐荫性强，可用于庇荫的环境，也可作林下地被。

栽植地点：树木园。

◎ 杠柳 *Periploca sepium*

识别要点：落叶藤本，茎先端缠绕，枝叶有乳汁，全株光滑无毛。单叶对生，披针形或卵状披针形，长5~10cm，宽1.5~2.5cm，先端长渐尖，叶面光绿色。聚伞花序腋生，有花2~5朵；花冠紫红色，直径约2cm，花瓣反卷，副花冠环状，10裂。蓇葖果双生，羊角状，长7~12cm。花期5~7月，果期9~10月。

地理分布：自东北南部、华北、西北至长江流域、西南均有分布，多生于低山、平原的沟坡、田边、林缘。

生长习性：适应性强，喜光，耐寒；对土壤要求不严，耐干旱瘠薄，也耐水湿。生长迅速，蔓延能力强。

种植要点：播种繁殖，也可扦插或分株繁殖。

园林用途：叶色光绿，花朵紫红，果实奇特，生长迅速，是山地风景区干旱荒坡的适宜绿化和水土保持植物，也可用于公园的栅栏和棚架绿化，枝叶茂密，遮荫效果较好。

栽植地点：树木园。

◎ 枸杞 *Lycium chinense*

识别要点：蔓性灌木，枝条弯曲或匍匐，可长达5m，有短刺或否。单叶互生或簇生，卵形至卵状披针形，全缘。花单生或2~4朵簇生叶腋；花萼3（4~5）裂；花冠漏斗状，淡紫色，长9~12mm，5深裂，裂片边缘有缘毛；雄蕊伸出花冠外。浆果卵形或长卵形，长5~18mm，径4~8mm，成熟时鲜红色。花果期5~10月。

地理分布：产东亚和欧洲，我国广布。

生长习性：性强健，喜光，较耐荫，耐寒；耐盐碱，在0~60cm土层含盐量0.44%时可生长正常，甚至在土壤含盐量1.5%时也可生长。耐干旱瘠薄，即使石缝中也可生长，但忌低湿和粘质土。萌蘖力强。

种植要点：播种、分株、扦插或压条繁殖。

园林用途：枸杞老蔓盘曲如虬龙，小枝细柔下垂，花朵紫色且花期长，秋日红果累累，缀满枝头，状若珊瑚，颇为美丽，富山林野趣。可供池畔、台坡、悬崖石隙、山麓、山石、林下等处美化之用，也可植为绿篱。

栽植地点：树木园。

◎ 厚壳树 *Ehretia acuminate*（*Ehretia thyrsiflora*）

识别要点：落叶乔木。枝条黄褐色至赤褐色，无毛，具皮孔。单叶互生，长椭圆形，先端急尖，基部圆形，叶缘具浅细尖锯齿；叶柄短，有纵沟。叶面用指甲划刻可现紫色划痕。圆锥花序顶生和腋生；5基数，花无梗，密集，有香味；花冠白色；雄蕊伸出花冠外。核果近球形，橘红色，径3~4mm。

地理分布：主产中国中部及西南地区。山东、河南有少量栽培。

生长习性：喜温暖湿润气候，也较耐寒、耐荫，适生于湿润肥沃土壤。

种植要点：播种或分株繁殖。

园林用途：枝叶郁茂，春季白花满枝，秋季红果遍树。可作庭荫树，可用于亭际、房前、水边、草地等处。

栽植地点：北校招待所北侧。树木园。

◎ 粗糠树 *Ehretia discksonii*

识别要点：树皮浅纵裂。枝被柔毛。单叶互生，叶椭圆形、广卵形，长9~20cm，宽5~10cm，先端急尖或钝尖，基部楔形或钝圆，缘具三角状粗齿，叶表具糙伏毛，叶背密生短柔毛。叶柄长1~3cm，被毛。伞房状聚伞花序，花白或淡黄色，有浓香；花5基数。核果扁球形，黄色，径约1.5cm。花期5~6月，果熟9月。

地理分布：主产福建、广东、江西、湖南、湖北、四川、贵州、安徽、江苏、陕西等省。山东引种，生长良好。

生长习性：喜光，喜温暖湿润气候和深厚肥沃土壤，但也有较强的抗寒和抗瘠薄能力。

种植要点：播种繁殖。

园林用途：花开时节，浓香四溢，为著名香花树种。树冠扁圆，枝条开展，春季花白如雪，秋初果黄似金，为优良的园林绿化树种。

栽植地点：北校英才路，6号公寓周边。树木园。

◎ 白棠子（小紫珠）*Callicarpa dichotoma*

别　　名：小紫珠

识别要点：落叶灌木，高1~2m。小枝带紫红色，具星状毛。单叶对生，倒卵形至卵状矩圆形，长3~7cm，端急尖，基部楔形，边缘上半部疏生锯齿，两面无毛，下面有黄棕色腺点；叶柄长2~5mm。花序纤弱，2~3次分歧，花序梗远较叶柄长；花冠紫色；花药顶端纵裂；子房无毛，有腺点。花期8月，果期10~11月。

地理分布：产华东、华中、华南、贵州、河北等地。

生长习性：喜光，喜温暖、湿润环境，较耐寒、耐荫，对土壤不甚选择。

繁殖方法：播种，也可扦插或分株繁殖。

园林用途：植株矮小，枝条柔细，入秋果实累累，色泽素雅而有光泽，晶莹如珠，为优良的观果灌木。适于作基础种植材料，或用于庭院、草地、假山、路旁、常绿树前丛植。果枝可作切花。

栽植地点：树木园。

◎ 海州常山 *Clerodendrum trichotomum*

识别要点：灌木或小乔木。嫩枝、叶柄、花序轴有黄褐色柔毛；枝髓片隔状，淡黄色。叶对生或轮生，阔卵形至三角状卵形，全缘，两面疏生短柔毛或近无毛。伞房状聚伞花序顶生或腋生，萼5，紫红色，宿存；花冠5裂，白色或粉红色，雄蕊4，与花柱伸出花冠外。核果球形，熟时蓝紫色，宿萼增大。花果期6~11月。

品种权品种：（1）红星满天‘Hongxingmantian’：花萼蕾时绿色，开花后渐变为红色；坐果后猩红色；花冠白色。（2）红粉绒毛‘Hongfenrongmao’：花萼蕾时下部绿白色，中上部呈粉红色；花期浅红色，坐果后逐渐变为朱红色；花冠白色，略带粉红晕。

上述2个品种是山东农业大学自主知识产权品种。林学院王华田教授培育。

地理分布：华北、华东至西南各地。

生长习性：喜光，也较耐荫。喜凉爽湿润气候。较耐旱和耐盐碱。适应性极强。生长快，萌蘖性强，易繁殖。

种植要点：播种、分株、扦插均可繁殖。

园林用途：花果美丽，花时白色花冠后衬紫红花萼，果时增大的紫红色宿萼托以蓝紫色果实，且花果期长，为优良秋季观花、观果树种，是布置园林景色的好材料。

栽植地点：东校芳花园内。南校综合楼中间绿地，校门西侧护校河北岸。林学实验站。

◎ 黄荆 *Vitex negundo*

识别要点：落叶灌木或小乔木，高2~5m。小枝密生灰白色绒毛。小叶5，间有3小叶，中间小叶最大，椭圆状卵形至披针形，长4~10cm，全缘或有钝锯齿，下面被灰白色柔毛。花序顶生，花冠淡紫色，被绒毛。核果球形，黑色。花期6~7月，果期9~10月。

地理分布：黄荆分布几遍全国，荆条主要分布于华北、西北至华东和华中北部。

生长习性：适应性强，喜光，不耐荫；极耐干旱瘠薄，是北方低山干旱阳坡最常见的灌丛优势种。

种植要点：播种、扦插、分株均可。

园林用途：树形疏散，叶形秀丽，花色清雅，在盛夏开花，可栽培观赏，适于山坡、池畔、湖边、假山、石旁、小径、路边点缀风景。老桩姿态奇特，在山东和河南，是常用的树桩盆景材料。

栽植地点：树木园。

◎ 荆条 *Vitex negundo var.heterophylla*

识别要点：掌状复叶对生，小叶5（3），边缘有缺刻状锯齿，下面被灰白色柔毛。花序顶生，唇形花冠，淡紫色。核果坚果状，黑褐色。花期6～7月，果期9～10月。

地理分布：华北、西北至华东和华中北部。

生长习性：适应性强，喜光，不耐荫；极耐干旱瘠薄，是北方低山干旱阳坡最常见的灌丛优势种。

种植要点：播种，也可扦插、分株繁殖。

园林用途：树形疏散，叶形秀丽，花色清雅，在盛夏开花，可栽培观赏，适于山坡、池畔、湖边、假山、石旁、小径、路边点缀风景。老桩姿态奇特，在山东和河南，是常用的树桩盆景材料。蜜源树种。

栽植地点：南校体育场西南角，11号楼西南角。树木园。

◎ 雪柳 *Fontanesia fortunei*

识别要点：落叶乔木或小乔木。小枝四棱形。单叶对生，披针形，全缘。花两性，圆锥花序生于当年生枝顶或叶腋；萼小，4 深裂；花瓣4，分离。翅果扁平，长6～9mm，宽4～5mm，周围有狭翅。花期5～6月，果期9～10月。

地理分布：黄河流域至长江流域，各地园林中普遍栽培。

生长习性：喜光，稍耐荫；喜温暖，也耐寒，对土壤要求不严。耐干旱，萌芽力强，生长快。

种植要点：播种或扦插繁殖，亦可压条。

园林用途：雪柳枝条细柔，叶片细小如柳，晚春满树白花，宛如积雪，颇为美观。可丛植于庭园、群植或散植于风景区观赏。枝条编织，嫩叶可代茶，花为优良蜜源。

栽植地点：北校1号楼北侧，西礼堂北侧。南校西南门北侧。树木园。

◎ 白蜡 *Fraxinus chinensis*

别　　名： 白蜡条

识别要点： 落叶乔木。奇数羽状复叶，对生，小叶常7，椭圆形至椭圆状卵形，先端尖，叶柄基部膨大。花序侧生或顶生于当年生枝上；花萼钟状，无花瓣。翅果倒披针形，长3~4cm，基部窄，先端菱状匙形，翅与种子约等长。花期3~4月，果期9~10月。

地理分布： 东北中部，经黄河流域、长江流域至华南、西南。

生长习性： 适应性强。喜光，稍耐荫，耐寒性强；对土壤要求不严，在干瘠沙地、低湿河滩、碱性、中性和酸性土壤上均可生长，耐盐碱；耐干旱和耐水湿能力都很强。根系发达，萌芽力和萌蘖力强，耐修剪。抗污染，对二氧化硫、氯气、氟化氢等多种有毒气体有较强抗性。

种植要点： 播种为主，亦可扦插或压条。

园林用途： 树形端正，树干通直，枝叶繁茂而鲜绿，秋叶橙黄，是优良的秋色叶树种。可作庭荫树、行道树。也可用于水边、矿区的绿化。由于耐盐碱、水涝，是盐碱地区和北部沿海地区重要的园林绿化树种。枝条可供编织用。

栽植地点： 树木园。

◎ 洋白蜡 *Fraxinus pennsylvanica*

识别要点：树皮灰褐色，深纵裂。小枝、叶轴密生短柔毛，奇数羽状复叶，对生，小叶常7，叶片较狭窄，卵状长椭圆形至披针形。花序侧生于二年生枝上，先叶开放，雌雄异株，无花瓣。翅果倒披针形，果翅下延至果基部，明显长于种子。花期4月，果熟期9~10月。

地理分布：原产美国，现遍布全国各地。

生长习性：喜光，耐寒，耐水湿，也耐旱，对土壤要求不严，较耐盐碱，适应性强。生长快。

种植要点：播种繁殖。

园林用途：秋叶金黄色，是优良行道树和庭荫树。

栽植地点：南校。北校。树木园。

◎ 美国白蜡 *Fraxinus americana*

识别要点：落叶大乔木。叶痕上缘凹形。小枝较粗，冬芽酱紫色；小叶常7枚，卵形、椭圆状卵形或椭圆状披针形，有不整齐圆钝锯齿，小叶柄长0.5~1.5cm。圆锥花序侧生于去年生枝叶腋，长5~8cm，花梗无毛。果翅下延不超过坚果的1/3处。花期4月，果熟期9~10月。

地理分布：原产美国，现遍布全国各地。

生长习性：与洋白蜡相似。

种植要点：播种繁殖。

园林用途：与洋白蜡相似。

栽植地点：南校校门北侧。树木园。

◎ 水曲柳 *Fraxinus mandshurica*

识别要点：树皮灰褐色，浅纵裂。奇数羽状复叶，对生，叶轴具窄翅，小叶7~15枚，无柄；叶背面沿脉有黄褐色绒毛，小叶与叶轴着生处有锈色簇毛。花序生于去年生枝侧，先叶开放，无花被。翅果常扭曲，果翅下延至果基部。

地理分布：东北、华北，主产小兴安岭。

生长习性：喜光，幼时略耐荫；耐-40℃低温；喜潮湿但不耐水涝。主根浅，侧根发达，萌蘖性强。不耐高温干热气候，泰安引种生长状况不如美国白蜡和绒毛白蜡。

种植要点：播种繁殖。

园林用途：材质好，经济价值高，与黄檗、核桃楸合称为东北三大珍贵阔叶用材树种。也是优良的行道树和绿荫树。

栽植地点：北校英才路中段南侧绿地。

◎ 绒毛白蜡 *Fraxinus velutina*

识别要点：落叶乔木，高达18m；树皮暗灰色，光滑；树冠伞形。幼枝、冬芽上均有绒毛。小叶3~7，顶生小叶较大，狭卵形，长3~8cm，有锯齿，先端尖，下面有绒毛。雌雄异株，圆锥花序侧生于上年枝上，先花后叶。翅果长2~3cm，翅等于或短于果核。花期4月，果实成熟10月。

地理分布：原产北美，我国华北，内蒙古南部，辽宁南部，长江下游均有栽培。山东省栽培普遍，多见于河滩，地堰及平原沙地。

生长习性：喜光，对气候、土壤要求不严，耐寒，耐干旱，耐水湿，耐盐碱。深根性，侧根发达，生长较迅速，抗风，抗烟尘。

种植要点：播种繁殖。

园林用途：枝繁叶茂，适应性强，特别耐盐碱，抗污染，是优良的造景树种，可做”四旁”绿化、农田防护林、行道树及庭院绿化。深根树种，侧根发达，生长较迅速，少病虫害，抗风，材质优良。可营造防护林，可供沙荒、盐碱地造林，也是北方四旁绿化的主要树种之一。是沿海城市绿化的优良树种。

栽植地点：南校、北校、树木园。

◎ 欧洲白蜡 *Fraxinus excelsior*

识别要点： 落叶大乔木，高达40m，冠幅达20m。小枝光滑无毛或被毛，常黄褐色，顶芽黑色。奇数羽状复叶，对生，小叶7~13枚，卵状长椭圆形至披针形，长5~11cm，宽1~3cm，先端渐尖，基部楔形至圆形，边缘有细尖锯齿；背面基部及中脉被白色细毛。花细小，无花被，花药紫色。翅果椭圆状披针形，长2.5~5cm，宽0.7~1cm，果翅下延至基部。

地理分布： 原产欧洲。我国北方常栽培。

生长习性： 喜光，能耐侧方庇荫；喜温暖，极耐寒；喜肥沃湿润，耐干旱瘠薄，也稍能耐水湿，喜钙质壤土或沙壤土，并耐轻碱盐，抗烟尘。深根性。

种植要点： 播种繁殖。

园林用途： 性强健，姿态优美，秋季叶片变成黄色，冬季有黑色芽苞，观赏性强。宜做遮荫树，也是很好的行道树。瑞典国树。

栽植地点： 北校西礼堂东北侧。

◎ 连翘 *Forsythia suspensa*

识别要点：灌木。枝拱形下垂，皮孔明显，髓中空。单叶对生，近卵形，有时3裂或3小叶，有粗锯齿。花黄色，单生或2~5朵簇生，先叶开放，萼裂片长圆形，与花冠筒等长。蒴果卵圆形，表面散生疣点，萼片宿存。花期3~4月，果期8~9月。

地理分布：我国除华南，其他各地均有栽培。

生长习性：对光照要求不严格，喜光，也有一定程度的耐荫性，耐寒；耐干旱瘠薄，怕涝；不择土壤。萌蘖性强。

种植要点：扦插、压条或播种繁殖，以扦插为主。

园林用途：早春先叶开花，花朵金黄而繁密，是一种优良的观花灌木。最适于池畔、台坡、假山、亭边、桥头、路旁、阶下等各处丛植，也可栽作花篱或大面积群植于风景区内向阳坡地。与花期相近的榆叶梅、丁香、碧桃等配植，色彩丰富，景色更美。

栽植地点：北校、东校、树木园。

◎ 金钟花 *Forsythia viridissima*

识别要点：灌木。枝条常直立，髓心片隔状。单叶，椭圆状矩圆形，中部以上有粗锯齿，不分裂；萼裂片卵圆形，长约为花冠筒之半，萼片脱落。花期3～4月，果期8～9月。

地理分布：华北、长江流域至西南。

生长习性：与连翘相似。

种植要点：扦插、压条或播种繁殖，以扦插为主。

园林用途：花枝挺直，适于草坪丛植或植为花篱，也可作基础种植材料。早春优良观花树种。

栽植地点：树木园。

◎ 暴马丁香 *Syringa reticulate subsp. amurensis*

识别要点：落叶乔木，树皮及枝皮孔明显。单叶对生，卵形，先端渐尖，基部圆形，长大于宽。花冠白色或黄白色，深裂，花冠筒短，与萼筒等长或稍长；花丝长度几乎为花冠裂片的2倍。蒴果先端钝，光滑或有疣状突起，经冬不落。花期5～6月，果期8～10月。

地理分布：东北、华北、西北。

生长习性：喜光，喜湿润、肥沃、排水良好之壤土。不耐水淹，抗寒、抗旱性强。

种植要点：播种、扦插、嫁接。

园林用途：本种乔木性较强，可作其它丁香的乔化砧，以提高绿化效果。花期晚，在丁香园中有延长观花期的效果。花可提取芳香油，亦为优良蜜源植物。

栽植地点：北校文理大楼南，3号楼南。南校9号楼北。树木园。

◎ 北京丁香 *Syringa pekinensis*

识别要点：小乔木，高达 8m。叶长卵形，顶端长渐尖，基部楔形，纸质，叶面平坦；叶下面平滑无毛，叶脉不隆起或微隆起。花序长 8~15cm；花黄白色，辐状，直径 5~6mm；雄蕊与花冠裂片近等长。果顶尖。花期 5~6 月。

地理分布：产华北、西北。

生长习性：与暴马丁香近似。

种植要点：播种、扦插、嫁接。

园林用途：与暴马丁香近似。

栽植地点：树木园。

◎ 紫丁香 *Syringa oblata*

识别要点：灌木，树冠圆球形。单叶对生，广卵形，通常宽大于长，两面无毛，先端短尖，基部心形或截形，尝之味极苦。圆锥花序，花紫色，花冠筒细长，先端4裂；花药着生于花冠筒内壁中部。蒴果长圆形，平滑。花期4～5月，果期9～10月。

地理分布：东北南部、华北、西北、四川。

生长习性：喜光，喜湿润、肥沃、排水良好之壤土。不耐水淹，抗寒、抗旱性强。

种植要点：播种、扦插、嫁接、分株、压条繁殖。可用女贞作砧木，生长良好。

园林用途：枝叶茂密，花丛大，“一树百枝千万结”，花开时节，清香四溢，芬芳袭人，为北方应用最普遍的观赏花木之一。可广泛应用于公园、庭院、风景区内造景，适合丛植于建筑前、亭廊周围或草坪中，也可列植作园路树。

栽植地点：北校教职工生活区，5号楼南青年广场。南校校医院东侧，学苑食府南侧。

◎ 白丁香 *Syringa oblata var. alba*

别　　名：丁香
识别要点：为紫丁香的变种。花白色，叶片较小，背面微有柔毛。花期4~5月，果期9~10月。
地理分布：我国长江以北普遍栽植。
生长习性：同紫丁香。
种植要点：同紫丁香。
园林用途：绿化观赏，类似于紫丁香。
栽植地点：北校教职工生活区，5号楼南联通营业厅，南校综合楼北侧。树木园。

◎ 流苏 *Chionanthus retusus*

别　　名：牛筋子

识别要点：落叶大乔木；枝皮常卷裂。单叶对生，近椭圆形，全缘或有疏锯齿；叶柄基部带紫色。圆锥花序顶生，大而较松散，花白色，花冠深裂，裂片4，呈狭长的条状倒披针形。核果椭圆形，熟时蓝紫色。花期4～5月，果期9～10月。

地理分布：黄河流域至长江流域。

生长习性：适应性强，喜光，耐寒；喜土层深厚和湿润土壤，也甚耐干旱瘠薄，不耐水涝。

种植要点：播种、扦插、嫁接繁殖。嫁接用白蜡属树种作砧木易成活。

园林用途：树体高大，树冠球形，枝叶茂盛，花开时节满树繁花如雪，秀丽可爱，观赏价值较高，是初夏重要的观赏花木。园林中适于草坪、路旁、池边、庭院建筑前孤植或丛植，既可观花，又能遮荫，若植于常绿树或红墙之前，效果尤佳；流苏老桩也是重要的盆景材料，并常用于嫁接桂花。

栽植地点：北校1号楼北，文理楼南侧。南校综合楼南侧绿地，梳洗河东岸，品慧楼东侧。

◎ 桂花 *Osmanthus fragrans*

识别要点：常绿。单叶对生，革质，近椭圆形，全缘或有锯齿。花簇生叶腋，或形成聚伞花序，白色、黄色至橙红色，浓香。核果椭圆形，熟时紫黑色。花期9月，果期翌年4～5月。

地理分布：原产我国西南，现各地广泛栽植。

生长习性：喜光，稍耐荫；喜温暖湿润气候和通风良好的环境，耐寒性较差，最适合秦岭、淮河流域以南至南岭以北各地栽培；喜湿润而排水良好的壤土，不耐水湿。对二氧化硫和氯气有中等抗性。

种植要点：播种、压条、嫁接和扦插繁殖。

园林用途：桂花是我国人民喜爱的传统观赏花木，枝叶茂密，四季常青，亭亭玉立，姿态优美，其花香清可绝尘、浓能溢远，而且花期正值中秋佳节，花时香闻数里，“独占三秋压群芳”，每当夜静轮圆，几疑天香自云外飘来。在庭院中，桂花常对植于厅堂之前，所谓“两桂当庭”、“双桂流芳”；配以青松、红枫，可形成幽雅的景观。苏州、杭州、桂林市花。

栽植地点：北校4号楼南，学实楼周边。南校实验楼中间绿地。

◎ 女贞 *Ligustrum lucidum*

别　　名：大叶女贞

识别要点：常绿乔木，全株无毛。叶对生，全缘，革质，近卵形，表面有光泽。圆锥花序顶生，花白色，4数，花冠裂片与花冠筒近等长。核果椭圆形，紫黑色，有白粉。花期6～7月，果期11～12月。

地理分布：长江以南至华南、西南，陕西、甘肃。

生长习性：喜光，稍耐荫；喜温暖湿润环境，不耐干旱瘠薄；适生于微酸性至微碱性土壤；抗污染，对二氧化硫、氯气、氟化氢等有毒气体均有较强的抗性，并能吸收氟化氢。萌芽力强，耐修剪。

种植要点：播种为主，也可扦插。

园林用途：女贞枝叶清秀，四季常绿，夏日白花满树，是一种很有观赏价值的园林树种。可孤植、丛植于庭院、草地观赏，也是优美的行道树和园路树。性耐修剪，亦适宜作为高篱，并可修剪成绿墙。

栽植地点：三个校园普遍栽植。

◎ 小叶女贞 *Ligustrum quihoui*

识别要点：落叶或半常绿灌木，高2～3m。小枝被短柔毛。叶薄革质，椭圆形至倒卵状长圆形，长1.5～5cm，宽0.5～2cm，边缘微反卷，无毛。花序长7～21cm；花白色，芳香，无柄；花冠筒与裂片等长；花药略伸出花冠外。核果椭圆形，长5～9mm，紫黑色。花期7～8月，果期10月。

地理分布：产华北、华东、华中、西南。

生长习性：喜光，稍耐荫；喜温暖湿润环境，亦耐寒，耐干旱；对土壤适应性强；对各种有毒气体抗性均强；萌芽力、根孽力强，耐修剪，移栽易成活。

种植要点：扦插、分株、播种。

园林用途：多做绿篱或球形植于广场、草坪、林缘。是优良抗污染树种。适宜公路及厂矿企业绿化。

栽植地点：树木园。

水蜡（上）与小叶女贞（下）

◎ 小蜡 *Ligustrum sinense*

识别要点：常绿或半常绿，灌木或小乔木。单叶对生，叶背沿中脉有短柔毛。花序长4~10cm，花梗细而明显；花冠筒短于花冠裂片；雄蕊超出花冠裂片。核果近圆形。花期4~5月。果期10月。

地理分布：华北、华东、华中、西南。

生长习性：喜光，稍耐荫；较耐寒，在北京小气候条件下生长良好。抗二氧化硫等多种有毒气体。耐修剪。

种植要点：播种或扦插繁殖。用途同小叶女贞。

园林用途：适于整形修剪，常用作绿篱，也可修剪成长、方、圆等各种几何或非几何形体，用于园林点缀；也可作花灌木栽培，丛植或孤植于水边、草地、林缘或对植于门前。优良抗污染树种，适宜公路及厂矿企业绿化。

栽植地点：北校1号楼北侧，3号楼南侧，西礼堂周边。树木园。

小蜡（上）与小叶女贞（下）

◎ 水蜡 *Ligustrum obtusifolium*

识别要点：与小叶女贞的区别为：落叶灌木。叶背有短柔毛；花序短而下垂，长约3cm；花冠筒比花冠裂片长2～3倍；花药和花冠裂片近等长。花期7月。

分布、习性、繁殖、园林应用同小叶女贞。

◎ 金叶女贞 *Ligustrum* × *vicary*

识别要点：落叶灌木。单叶对生，新叶鲜黄色，椭圆形或卵状椭圆形，全缘。圆锥花序顶生，花白色。

地理分布：20世纪80年代从外国引入，是金边女贞和欧洲女贞的杂交种。

生长习性：喜光，较耐寒，抗二氧化硫等多种有毒气体。耐修剪。

种植要点：扦插繁殖。

园林用途：优良彩叶树种。适于整形修剪，常用作绿篱，也可修剪成长、方、圆等各种几何或非几何形体。

栽植地点：南校校园普遍栽植，用作色块或模纹。北校文理楼南侧。

◎ 迎春花 *Jasminum nudiflorum*

别　　名：迎春

识别要点：落叶灌木；枝条绿色，拱形下垂，明显四棱形。3出复叶对生。花单生于去年生枝叶腋，叶前开放，花冠黄色，裂片6，长仅为花冠筒的1/2。通常不结实。花期2～4月。

地理分布：华北、西北至西南，现广泛栽培。

生长习性：喜光，稍耐荫，较耐寒；喜湿润，也耐干旱瘠薄，怕涝；不择土壤，耐盐碱。枝条接触土壤较易生出不定根。萌蘖力强。

种植要点：扦插、压条或分株繁殖。

园林用途：花期甚早，绿枝黄花，早报春光，与梅花、山茶、水仙并称“雪中四友”。由于枝条拱垂，植株铺散，迎春适植于坡地、花台、堤岸、池畔、悬崖、假山，均柔条拂垂、金花照眼；也适合植为花篱，或点缀于岩石园中。我国古代民间传统宅院配植中讲究“玉棠春富贵”，以喻吉祥如意和富有，其中“春”即迎春。

栽植地点：南校生活桥两侧，办公楼南侧。树木园。

◎ 探春花 *Jasminum floridum*

别　　名： 迎夏

识别要点： 落叶灌木；枝条拱垂，幼枝绿色，四棱不明显。奇数羽状复叶互生，小叶3~5枚，卵状椭圆形。聚伞花序顶生，多花；萼片5裂，与萼筒等长；花冠黄色，裂片5，长约为花冠筒长的1/2。花期5~6月。

地理分布： 华北、西南。

生长习性： 喜光，稍耐荫，较耐寒；喜湿润，也耐干旱瘠薄，怕涝；不择土壤。枝条接触土壤较易生出不定根。萌蘖力强。

种植要点： 扦插、压条或分株繁殖。

园林用途： 绿化观赏，其余同迎春花。

栽植地点： 北校4号楼南侧。

◎ 毛泡桐 *Paulownia tomentosa*

别　　名：紫花泡桐

识别要点：树干多弯曲，树冠开张，扁球形。幼枝有粘质腺毛和分枝毛，老枝褐色，无毛，皮孔圆形或长圆形。叶对生，宽卵形至卵状心形，全缘或3~5浅裂，两面有粘质腺毛和分枝毛。大型圆锥花序，长40~60cm；花蕾近球形，密生黄褐色分枝毛；萼裂深过半；花冠浅紫色至蓝紫色。蒴果卵圆形，果壳薄。花期4~5月，果期10月。

地理分布：主产黄河流域，北方习见栽培。

生长习性：强阳性树种，不耐庇荫，较喜凉爽气候，在气温达38℃以上生长受阻，最低温度在−25℃时易受冻害。根系肉质，耐干旱而怕积水。在土壤pH值6~7.5之间生长最好。对二氧化硫、氯气、氟化氢、硝酸雾抗性强。

种植要点：常采用埋根育苗。

园林用途：树冠宽广，花朵大而美丽，先叶开放，色彩绚丽，春天繁花似锦，夏日绿荫浓密，是良好的绿荫树，可植于庭院、公园、风景区等各处，适宜作行道树、庭荫树和园景树。

栽植地点：北校水土学院、教职工生活区。南校学生生活区。树木园。

◎ 兰考泡桐 *Paulownia elongata*

识别要点： 树干通直，尖削度大。叶片宽卵形或卵形；萼裂深约1/3；花紫色；果卵形至椭圆状卵形，果皮厚。

地理分布： 主产黄河流域，山东、河南习见栽培。

生长习性： 强阳性树种，不耐庇荫，较喜凉爽气候。根系肉质，耐干旱而怕积水。喜深厚肥沃排水良好土壤，在pH值6~7.5之间生长最好。对二氧化硫、氯气、氟化氢、硝酸雾抗性强。

种植要点： 常用埋根育苗。

园林用途： 良好的行道树、庭荫树和园景树，也是优良的农田林网、四旁绿化树种。抗污染，适于工矿区应用绿化观赏。木材是我国传统出口物资。

栽植地点： 南校办公楼前。北校3号楼南。

◎ 楸树 *Catalpa bungei*

识别要点：树干通直，树冠狭长或倒卵形；树皮灰褐色，浅纵裂。小枝紫褐色，光滑无毛。叶三角状卵形，光滑无毛，先端长渐尖，基部截形或广楔形，全缘，下面脉腋有紫褐色腺斑。总状花序呈伞房状，有花5~20朵；花冠白色或浅粉色，内有紫色斑点和条纹。蒴果长25~55cm，自花不育，很少结果。花期4~5月，果期9~10月。

地理分布：主产黄河流域至长江流域。

生长习性：喜光，幼树略耐荫。喜温暖湿润气候和深厚肥沃的中性、微酸性和钙质土壤，耐轻度盐碱，不耐干燥瘠薄和水湿。深根性，萌蘖力和萌芽力均强。抗污染，对二氧化硫和氯气抗性强，吸滞粉尘能力高。

繁殖方法：一般采用埋根、分蘖或嫁接繁殖。嫁接繁殖用梓树为砧木。

园林用途：树干通直，树姿挺拔，叶荫浓郁，花朵亦优美繁密，自古以来即为重要庭木。宜作庭荫树和行道树。可列植、对植、丛植，或在树丛中配植为上层骨干树种。可用于厂矿绿化。花可提取芳香油。优质用材树。

栽植地点：南校品慧楼东侧。北校4号楼南侧。

◎ 灰楸 *Catalpa fargesii*

识别要点：与楸树相近，区别在于：嫩枝、叶片、叶柄和圆锥花序密被簇状毛和分枝毛；花冠粉红色或淡红色；种子连毛长5~7.5cm。花期4~5月，果 期9~10月。

地理分布：华南、长江流域及华北、西北。

生长习性、繁殖方法、园林用途等与楸树相似。

栽植地点：树木园。

◎ 梓树 *Catalpa ovata*

识别要点：树冠宽阔开展；嫩枝、叶柄和花序有粘质。叶对生，广卵形或近圆形，全缘或3~5浅裂，基部心形或圆形，下面基部脉腋有紫色腺斑。圆锥花序顶生，花萼绿色或紫色；花冠淡黄色，内面有深黄色条纹及紫色斑纹。蒴果圆柱形，长20~30cm，经冬不落。花期4~5月，果期10月。

地理分布：东北至华南北部，黄河中下游为分布中心。

生长习性：喜光，稍耐荫；颇耐寒，在暖热气候条件下生长不良；喜深厚肥沃而湿润的土壤，不耐干瘠，能耐轻度盐碱；对氯气、二氧化硫和烟尘的抗性均强。

种植要点：播种繁殖，也可埋根或分蘖繁殖。

园林用途：树冠宽大，树荫浓密，自古以来是著名的庭荫树，古人常在房前屋后种植桑树和梓树，故而以“桑梓”指故乡。在园林中梓树可丛植于草坪、亭廊旁边以供遮荫。

栽植地点：南校图信楼后，梳洗河东岸。树木园。

◎ 美洲凌霄 *Campsis radicans*

识别要点：与凌霄相近，区别在于：小叶9~13，椭圆形，叶轴及小叶背面均有柔毛；花萼浅裂至1/3；花冠比凌霄花小，桔黄色。花期6~9月。

地理分布：原产北美，我国各地引种栽培。

生长习性：耐寒、耐湿和耐盐碱能力均强于凌霄。生长快，寿命长。

种植要点、园林用途均与凌霄近似。

栽植地点：北校5号楼前，教职工生活区长廊，水土学院。南校品慧楼东侧。

◎ 锦带花 *Weigela florida*

识别要点：灌木；小枝细，幼枝具四棱，有短柔毛。单叶对生，有锯齿，椭圆形、倒卵状椭圆形，先端渐尖，基部圆形或楔形，下面毛较密。花1~4朵成聚伞花序；萼5裂至中部；花冠漏斗状钟形，玫瑰色或粉红色；柱头2裂。蒴果柱状；种子无翅。花期4~6月，果期10月。

地理分布：产东北、华北及华东北部，各地栽培。

生长习性：喜光，耐半荫，耐寒，耐干旱瘠薄，忌积水，对土壤要求不严，对氯化氢等有毒气体抗性强。萌芽、萌蘖性强，生长迅速。

种植要点：分株、扦插、压条繁殖。为选育新品种，可播种繁殖。

园林用途：花繁密而艳丽，花期长，是园林中重要的花灌木。适于庭院角隅、湖畔群植；也可在树丛、林缘作花篱、花丛配植、点缀于假山、坡地等。花枝可切花插瓶。

栽植地点：树木园。

◎ 红王子锦带花 *Weigela florida*‘Red Prince’

识别要点：是锦带花的观赏品种。花鲜红色，繁密而下垂。

地理分布、生长习性、种植要点、园林用途同锦带花。

栽植地点：北校望岳路南端，学实楼周边。南校品慧楼东侧。树木园。

◎ 猬实 *Kolkwitzia amabilis*

识别要点：落叶灌木；干皮薄片状剥裂。单叶对生，卵形至卵状椭圆形，全缘。伞房状聚伞花序生于侧枝顶端；花序中每2花生一梗上，2花的萼筒下部合生，外面密生刺状毛；萼5裂；花冠钟状，粉红色至紫红色，喉部黄色。瘦果，2个合生，外面密生刺刚毛，状如刺猬，故名。花期5～6月，果期8～9月。

地理分布：我国特有，陕西、山西、甘肃、河南、湖北及安徽等省。

生长习性：喜光，稍半荫，但过荫则开花结实不良；耐寒力强；抗干旱瘠薄，对土壤要求不严，酸性至微碱性土均可，在相对湿度大、雨量多的地区常生长不良，易发生病虫害。

种植要点：播种或分株繁殖，也可扦插。

园林用途：猬实着花繁密，花色娇艳，花期正值初夏百花凋谢之时，是著名的观花灌木，其果实宛如小刺猬，也甚为别致。园林中宜丛植于草坪、角隅、路边、亭廊侧、假山旁、建筑附近等各处。猬实于二十世纪初引入美国，被称为“美丽的灌木”（Beauty Bush），现世界各国广为栽培。国家三级保护树种。

栽植地点：北校8号楼南，4号楼南。树木园。

◎ 金银花 *Lonicera japonica*

识别要点： 半常绿缠绕藤本，茎皮条状剥落，幼枝暗红色。单叶对生，卵形至卵状椭圆形，全缘。花总梗及叶状苞片密生柔毛和腺毛；花冠二唇形，上唇4裂，下唇狭长而反卷，约等于花冠筒长；初开白色，后变黄色；雄蕊和花柱伸出花冠外。浆果球形，蓝黑色。花期5～7月，果期8～10月。

地理分布： 东北南部、黄河流域至长江流域、西南。

生长习性： 适应性强，喜光，稍耐荫，耐寒，耐旱和水湿，对土壤要求不严，酸性土至碱性土均可生长，以湿润、肥沃、深厚的砂壤土生长最好。根系发达，萌蘖力强。

种植要点： 播种、扦插、压条和分株繁殖。

园林用途： 金银花植株轻盈，藤蔓细长，花朵繁密，先白后黄，状如飞鸟，布满株丛，春夏时节开花不绝，色香俱备，秋末冬初叶片转红，而且老叶未落，新叶初生，凌冬不凋，因而是一种色香俱备的优良垂直绿化植物。可用于竹篱、栅栏、绿亭、绿廊、花架等各项设施的绿化。金银花老桩姿态古雅，别具一格，也是优良的盆景材料。花蕾入药。

栽植地点： 北校5号楼中间盆景园。树木园。

◎ 金银木 *Lonicera maackii*

识别要点：落叶灌木。小枝髓心黑褐色。单叶对生，叶片卵状椭圆形至卵状披针形，全缘，两面疏生柔毛。花成对生于叶腋，花冠唇形，初开时白色，不久变为黄色；雄蕊5，与花柱均短于花冠。浆果红色，2枚合生。花期5～6月，果期9～10月。

地理分布：东北、华北、华东、西南、陕西、甘肃。

生长习性：性强健，喜光，耐半荫，耐寒，耐旱。不择土壤，在肥沃、深厚、湿润土壤中生长旺盛；萌蘖性强。

种植要点：播种、扦插繁殖。

园林用途：是一种花果兼赏的优良花木，枝叶扶疏，初夏满树繁花，先白后黄、清雅芳香，秋季红果满枝、晶莹可爱。孤植、丛植于林缘、草坪、水边、建筑物周围、疏林下均适宜。花可提取芳香油，全株可入药，亦为优良的蜜源植物。

栽植地点：北校1号楼北侧，4号楼南侧，6号学生公寓周边。东校南院。树木园。

◎ 郁香忍冬 *Lonicera fragrantissima*

识别要点：半常绿灌木，枝髓充实，幼枝疏被刺刚毛；单叶对生，叶近卵形、革质，叶柄被硬毛；相邻两花萼筒部分合生，花冠白色或带淡红色斑纹。先花后叶，香气浓郁，浆果鲜红，两果合生过半。花期2~4月，果期5~6月。

地理分布：产安徽、江西、湖北、河南、河北、陕西南部、山西等地。

生长习性：喜光，耐半荫，耐干旱，耐寒，适应性强。对土壤要求不严，在深厚、肥沃、湿润土壤中生长良好。

种植要点：播种、扦插繁殖。

园林用途：枝叶茂盛，早春先叶开花，香气浓郁，是优良观赏花木，适于庭院、草坪边缘、园路两侧、假山、亭际丛植。

栽植地点：北校8号楼南侧。树木园。

◎ 糯米条 *Abelia chinensis*

识别要点：落叶灌木；枝条开展，幼枝细，红褐色，疏被毛，茎节不膨大。单叶对生，叶片卵形至椭圆状卵形，长2~3.5cm，缘具浅齿，背面叶脉基部或脉间密生白色柔毛；叶柄基部不扩大连合。圆锥花序顶生或腋生；花萼5裂，被短柔毛，粉红色；花冠5裂，白色至粉红色，芳香，漏斗状；雄蕊4，伸出花冠外。瘦果核果状，宿存的花萼淡红色。花期7~9月；果期10~11月。

地理分布：产秦岭以南，常见于低山湿润林缘及溪谷岸边。

生长习性：喜光，也耐荫；耐干旱瘠薄，有一定耐寒性，在黄河中下游地区可生长；对土壤要求不严，酸性、中性土均能生长，喜疏松湿润而排水良好的土壤；根系发达，萌芽性强。耐修剪整形。

种植要点：播种、扦插繁殖均可。

园林用途：枝条细软下垂，树姿婆娑，花朵洁莹可爱，密集于枝梢，花色白中带红；花谢后，粉红色的萼片长期宿存于枝头，如同繁花一般，整个观赏期自夏至秋。是优良的夏秋芳香花灌木，适于丛植于林缘、树下、石隙、草坪、角隅、假山等各处，列植于路边，也可作基础种植材料、岩石园材料或自然式花篱。

栽植地点：北校4、8号楼南侧。树木园。

◎ 法国冬青 *Viburnum awabuki*

别　　名：珊瑚树

识别要点：常绿大灌木或小乔木，全体无毛。单叶对生，长椭圆形，厚革质，表面深绿而有光泽，边缘波状或具粗钝齿。圆锥状伞房花序顶生，花白色。核果椭圆形，成熟时由红色渐变为黑色。花期5~6月，果期9~11月。

地理分布：浙江和台湾，长江流域各地普遍栽培。

生长习性：喜光，稍耐荫，喜温暖湿润气候及湿润肥沃土壤；耐烟尘，对氯气、二氧化硫抗性较强。根系发达，萌芽力强，耐修剪，易整形。

种植要点：扦插繁殖为主，亦可播种。

园林用途：枝叶繁茂，终年碧绿，蔚然可爱，与海桐、罗汉松同为海岸三大绿篱树种。在园林中，珊瑚树易形成高篱，最适于沿墙垣、建筑栽植，既供隐蔽、观赏之用，又枝叶富含水分，耐火力强，兼有防火功能。春季白花满树，秋季果实鲜红，状如珊瑚，是花、果、叶兼赏的美丽树种。

栽植地点：北校4号楼周边。树木园。

◎ 木绣球 *Viburnum macrocephalum*

识别要点：树冠呈球形。冬芽裸露，芽、幼枝、叶柄及叶下面密生星状毛。单叶对生，卵形至卵状椭圆形，叶缘具细锯齿。大型聚伞花序呈球状，径约15~20cm；全由不孕花组成；花冠白色。不结果。花期4~5月。

地理分布：产长江流域，各地常见栽培。

生长习性：喜光，略耐荫，喜温暖湿润气候，较耐寒，宜在肥沃、湿润、排水良好的土壤中生长。华北南部也可露地栽培，萌芽、萌蘖性强。

种植要点：扦插、压条、分株繁殖。

园林用途：木绣球为我国传统观赏花木，树冠开展圆整，春日白花聚簇，团团如球，宛如雪花压树，花落之时，又宛如满地积雪。最宜孤植于草坪及空旷地，使其四面开展，充分体现其个体美；如丛植一片，花开之时即有白云翻滚之效，十分壮观。配植于房前窗下，也极适宜；木绣球还可作大型花坛的中心树。

栽植地点：北校3号楼南。树木园。

◎ 八仙花 *Viburnum macrocephalum f.keteleeri*

识别要点： 为木绣球的变型。聚伞花序直径约10~12cm，中央为两性的可孕花，周围常为8朵大型白色不孕花；核果椭圆形，红色，后变黑色。花期4~5月，果期9~10月。

地理分布： 产长江流域，各地常见栽培。

生长习性： 同木绣球。

种植要点： 同木绣球。

园林用途： 花形扁圆，周围着生洁白不孕花，远看玉树婆娑、梨云梅雪，近观犹如群蝶起舞，芳心高洁。园林配置同木绣球。扬州市市花。

栽植地点： 北校4号楼前。树木园。

◎ 荚蒾 *Viburnum dilatatum*

识别要点：落叶灌木；鳞芽，老枝红褐色。小枝、芽、叶柄、花序及花萼被星状毛。叶宽倒卵形至椭圆形，先端渐尖或长渐尖，叶缘有尖锯齿，下面有腺点。聚伞花序，全为可孕花；花冠白色，5裂；雄蕊5，长于花冠。核果近球形，鲜红色，有光泽。花期5月，果期9～10月。

地理分布：黄河以南至长江流域、四川、贵州及云南。

生长习性：弱阳性树种，喜光，略耐荫，喜深厚、肥沃土壤，不耐瘠薄和积水。

种植要点：播种繁殖，也可分株、扦插和压条。

园林用途：荚蒾株形丰满，春季白花繁密，秋季果实红艳，是优良的花果兼赏佳品。适于草地、墙隅、假山石旁丛植，亦适于林缘、林间空地栽植，果熟季节，十分壮观。

栽植地点：树木园。

◎ 皱叶荚蒾 *Viburnum rhytidophyllum*

别　　名：枇杷叶荚蒾

识别要点：常绿灌木或小乔木，幼枝、叶背及花序均被星状绒毛；裸芽；单叶对生，厚革质，卵状长椭圆形，长8~20cm，叶脉深陷，极度皱纹状，有光泽；花序稠密，径达20cm；花冠黄白色。核果红色，后变黑色。花期4~5月，果期9 ~ 10月。

地理分布：产陕西南部至湖北、四川和贵州。

生长习性：喜光，略耐荫，耐寒性强，北京、山东露地栽培生长良好。喜深厚、肥沃土壤。

种植要点：播种、分株、扦插、压条均可。

园林用途：树姿优美，叶色浓绿，白花繁密，秋果累累，是北方地区不可多得的常绿观花、观果灌木。适于庭院、屋旁、墙隅、假山边、园路旁、林缘、树下种植。

栽植地点：林学实验站。树木园。

◎ 天目琼花 *Viburnum opulus var.calvescens*

识别要点： 是欧洲荚蒾变种。落叶灌木，树皮厚而多少呈木栓质。单叶对生，卵圆形或倒卵形，长6~12cm，3裂，掌状3出脉，有不规则粗齿或近全缘；叶柄粗壮，有2~4个大腺体。复聚伞花序，中央部分为可育花，周围有大型白色不孕边花；花冠白色；花药紫红色。核果近球形，径8~10mm，红色而半透明状，内含1种子。花期5~6月，果期9~10月。

地理分布： 天目琼花产俄罗斯远东、朝鲜、日本等亚洲东北部地区。我国东北、内蒙古、华北至长江流域均有分布。

生长习性： 喜光，耐半荫，耐寒，耐旱，对土壤要求不严，在微酸性、中性土上均能生长，病虫害少。

种植要点： 播种、分株、嫁接繁殖。

园林用途： 树姿清秀，叶形美丽，初夏花白似雪，深秋果似珊瑚，是春季观花、秋季观果的优良树种。适宜植于草地、林缘，因其耐荫，也可植于建筑物背面等。

栽植地点： 林学实验站。树木园。

◎ 西洋接骨木 *Sambucus nigra*

识别要点：小枝髓心白色；奇数羽状复叶；聚伞花序呈扁平球状，5分枝，直径12~20cm；果实黑色。

地理分布：原产欧洲，山东、江苏、上海等地引种栽培。

生长习性：喜光，亦耐荫；耐旱，忌水涝；耐寒性强。根系发达，萌蘖性强，耐修剪。抗污染。生长速度快。

种植要点：扦插、分株、播种繁殖，栽培容易，管理粗放。

园林用途：株形优美，枝叶繁茂，春季白花满树，夏季果实累累，是夏季较少的观果灌木。适于水边、林缘、草坪丛植，也可植为自然式绿篱。枝叶入药。

栽植地点：北校3号楼南。南校体育馆西北角。

◎ 棕榈 *Trachycarpus fortunei*

识别要点： 树干常有残存的老叶柄及其下部黑褐色叶鞘。叶形如扇，径50~70cm，掌状分裂至中部以下，裂片条形，坚硬，先端2浅裂，直伸；叶柄长0.5~1.0m，两侧具细锯齿。花淡黄色。果肾形，径5~10mm，熟时黑褐色，略被白粉。花期4~6月，果期10~11月。

地理分布： 原产亚洲，在我国分布甚广，长江流域及其以南各地普遍栽培。

生长习性： 喜光，亦耐荫，苗期耐荫能力尤强；喜温暖湿润，亦颇耐寒，在山东崂山露地生长的棕榈可高达4m；喜排水良好、湿润肥沃的中性、石灰性或微酸性粘质壤土，耐轻度盐碱，也能耐一定的干旱和水湿；抗烟尘和二氧化硫、氟化氢、二氧化氮、苯等有毒气体，对二氧化硫和氟化氢有很强的吸收能力。浅根系，须根发达，生长较缓慢。

繁殖方法： 播种繁殖。生产上可利用大树下自播苗培育。

园林用途： 为著名的观赏植物，树姿优美，最适于丛植、群植，窗前、凉亭、假山附近、草坪、池沼、溪涧均适植；列植为行道树也甚为美丽，均可展现热带风光。庭院中如屋角之阳、凉亭之侧、假山旁、池沼之畔，点缀数株，自别有一番景色。为南方特有的经济树种，棕皮用途广。叶鞘纤维、叶柄、根、果均可入药。

栽植地点： 水土学院。树木园。

◎ 淡竹 *Phyllostachys glauca*

识别要点： 秆高达15m，径约5cm，中部节间长达45cm，无毛；新秆被雾状白粉；老秆绿色或灰绿色，仅节下有白粉环。秆环与箨环均隆起。箨鞘淡红褐色或淡绿褐色，有显著的紫脉纹和稀疏斑点，无毛；无箨耳和繸毛；箨舌截平，紫褐色；箨叶披针形，绿色，有多数紫色脉纹，平直。

地理分布： 黄河流域至长江流域，江苏、安徽、山东、河南、陕西较多。

生长习性： 适应性强，适于沟谷、平地、河漫滩生长，能耐一定程度的干燥瘠薄和暂时的流水浸渍；在-18℃左右的低温和轻度的盐碱土上也能正常生长。

园林用途： 是华北地区最常见的竹类之一，四季常青，秀丽挺拔，值霜雪而不凋，四季常茂，雅俗共赏，而且适应性强，可在园林中广泛应用。庭院曲径、池畔、景门、厅堂四周或山石之侧均可小片配植，大片栽植形成竹林、竹园也适宜，与松、梅共植，誉为“岁寒三友”，点缀园林，也甚为常见。

栽植地点： 北校4号楼北侧，文理楼周边。南校实验楼之间，学生生活区。树木园。

◎ 阔叶箬竹 *Indocalamus latifolius*

识别要点：灌木状小型竹类。秆高1–1.5m。秆圆筒形，分枝一侧微扁，每节1–3分枝，秆中部常1分枝，分枝与秆近等粗。秆箨宿存，质地坚硬，箨鞘有粗糙的棕紫色小刺毛，边缘内卷；箨耳和叶耳均不明显，箨舌平截，高不过1mm，鞘口有长1–3 mm的流苏状须毛。小枝有1–3叶，叶片长椭圆形，长10–30cm，宽1–4.5cm，表面无毛，背面灰白色。

地理分布：华东、华中至秦岭，山东常见栽培。

生长习性：喜温暖湿润气候，但耐寒性较强，在北京等地可露地越冬，仅叶片稍有枯黄。

园林用途：植株低矮，叶片宽大，在园林中适于疏林下、河边、路旁、石间、台坡、庭院等各处片植点缀，或用于作地被植物，均颇具野趣。

栽植地点：北校学实楼周边。水土学院。

◎ 菲黄竹 *Sasa auricoma*

识别要点：地被竹种，秆纤细，高达1.2米，径2～3毫米。嫩叶纯黄色，具绿色条纹，老后叶片变为绿色。

地理分布：原产日本。广泛栽培，我国南京、杭州、上海等地引种。

生长习性：喜温暖湿润气候，好肥，较耐寒，忌烈日，宜半阴，喜肥沃疏松排水良好的砂质土壤。

园林用途：园林绿化彩叶地被、色块或做山石盆景栽观赏。新叶纯黄色，非常醒目，秆矮小，用于地表绿化或盆栽观赏。

栽植地点：林学实验站。

◎ 菲白竹 *Sasa fortunei*

识别要点：矮小型灌木竹类，高0.2~1.5m，径2~3mm。秆丛生，圆筒形，每节1~3分枝；每小枝着生叶片4~7枚，叶片披针形至狭披针形，长6~15cm，宽0.8~1.5cm，绿色，并具有白色或淡黄色条纹，特别美丽，尤其以新叶为甚。笋期5月。

地理分布：原产日本，广泛栽培，我国南京、杭州、上海等地引种。

生长习性：喜温暖湿润气候，耐荫性较强。

园林用途：植株低矮，叶片秀美，特别是春末夏初发叶时的黄白颜色，更显艳丽。常植于庭园观赏；栽作地被、绿篱或与假山石相配都很合适；也是优良的盆栽或盆景材料。

栽植地点：林学实验站。

◎ 凤尾兰 *Yucca gloriosa*

别　　名：剑麻

识别要点：常绿灌木、小乔木。主干短，有时有分枝，高可达5m。叶剑形，略有白粉，长60~75cm，宽约5cm，挺直不下垂，叶质坚硬，全缘，老时疏有纤维丝。圆锥花序长1m以上，花杯状，下垂，乳白色，常有紫晕。花期5~10月，2次开花。蒴果椭圆状卵形，不开裂。

地理分布：原产北美。我国长江流域普遍栽培，山东、河南可露地越冬。

生长习性：喜光，亦耐荫。适应性强，较耐寒，−15℃无冻害；除盐碱地外，各种土壤都能生长；耐干旱瘠薄，耐湿。耐烟尘，对多种有害气体抗性强。萌芽力强，易产生不定芽，生长快。

种植要点：常用茎切块繁殖或分株繁殖。

园林用途：树形挺直，四季青翠，叶形似剑，花茎高耸。花白色，素雅芳香。常丛植于花坛中心、草坪一角，树丛边缘。是岩石园、街头绿地、厂矿污染区常用的绿化树种。也可在车行道的绿带中列植，亦可作绿篱种植，起阻挡、遮掩作用。茎可切块水养，供室内观赏，或盆栽。

栽植地点：南校学生生活区。树木园。